BILDER AUS DER DEUTSCHEN KÄLTEINDUSTRIE

HERAUSGEGEBEN VOM

DEUTSCHEN KÄLTE=VEREIN

ALS STIFTUNG ZUM III. INTERN. KÄLTE=KONGRESS
IN CHICAGO 1913

MIT 126 ABBILDUNGEN

MÜNCHEN UND BERLIN 1913
DRUCK UND VERLAG VON R. OLDENBOURG

WIDMUNG

Der Deutsche Kälte=Verein begrüßt mit Übergabe der gegenwärtigen Blätter die Mitglieder des III. Internationalen Kältekongresses. ·—·

In dem ersten Teil sollte durch „technische und statistische Mitteilungen der mit dem Bau von Kälteanlagen beschäftigten Firmen" ein Überblick über die Ausdehnung gegeben werden, in welcher deutsche Unternehmungen sowohl für den deutschen Markt als für den Weltmarkt tätig sind, während der zweite Teil die Beschreibung und Darstellung einiger in qualitativer oder quantitativer Hinsicht bedeutsamer Kälteanlagen im Gebiete des Deutschen Reiches enthalten sollte. ·—·

Ist es auch nicht gelungen, dieses Ziel in der gewünschten Vollständigkeit zu erreichen – insbesondere fehlt die Beteiligung einer größeren Anzahl hervorragender mit dem Bau von Kältemaschinen befaßter Maschinenfabriken –, so hoffen wir dennoch, manchen Berufsgenossen etwas Willkommenes zu bieten. ·—·

Die Begründung des Deutschen Kälte=Vereins ist im Jahre 1910 durch den Beginn der Internationalen Kältekongresse, also von außen her, veranlaßt worden, und umfaßt derselbe bisher wenig mehr als 200 Mitglieder. Da in Deutschland die technische Entwicklung des Kältewesens früher eingesetzt hat und vollständiger durchgeführt worden ist als in den meisten übrigen Ländern, so besteht gegenwärtig das innere Bedürfnis nach gemeinsamer Förderung dieser Entwicklung hier in geringerem Maße. Von den drei Abteilungen, in welchen der Deutsche Kälte=Verein das Kältewesen umfaßt, der wissenschaftlichen, der technischen und der wirtschaftlichen Abteilung, hat bisher nur die letzte eine intensivere Tätigkeit entfaltet, indem sie die Lösung einer Anzahl von Fragen unternommen hat, welche sich auf den Betrieb der Kühlhäuser und der Eisfabriken beziehen. ·—·

Nähere Nachrichten über die Tätigkeit des Deutschen Kälte=Vereins sind jeweils enthalten in dem Vereinsorgan „Zeitschrift der gesamten Kälteindustrie", welches mit einer Festnummer den Mitgliedern des Kältekongresses gleichfalls dargeboten wird. ·—·

Der Deutsche Kälte=Verein macht es sich zur Aufgabe, zwischen den deutschen Berufsgenossen und denjenigen der übrigen Kulturländer eine engere Verbindung herzustellen und begleitet in diesem Sinne seine zum III. Internationalen Kältekongreß reisenden Mitglieder mit herzlichen Wünschen für eine fruchtbare, das Kältewesen sowie die internationale Verständigung fördernde, Tagung. ·—·

DEUTSCHER KÄLTE-VEREIN

Dr. C. v. Linde

Vorsitzender

INHALTS=VERZEICHNIS

I. TEIL

II. TEIL

I. TEIL

TECHNISCHE UND STATISTISCHE MITTEILUNGEN
VON DEUTSCHEN FIRMEN, WELCHE MIT DEM
BAU VON KÄLTE=ANLAGEN BESCHÄFTIGT SIND

Fig. 1 Gesamtansicht des Werkes in Tegel

A. Borsig, Berlin-Tegel

Die Firma A. B o r s i g wurde im Jahre 1837 von August Borsig, dem Großvater der jetzigen Inhaber, gegründet. Sie umfaßt heute die Maschinenfabrik in Tegel bei Berlin und die Berg- und Hüttenwerke in Borsigwerk in Oberschlesien. Im ganzen werden 12500 Personen beschäftigt.

Das Werk in Tegel bei Berlin wurde im Jahre 1898 in Betrieb genommen und verarbeitet im allgemeinen die in Borsigwerk gewonnenen Rohprodukte weiter. Das Werk liegt in sehr günstiger Weite am Tegeler See, der mit den großen nord- und ostdeutschen Wasserstraßen in unmittelbarer Verbindung steht. Für den Bahntransport ist das Werk durch Anschlußgleis mit der Staatsbahn der Linie Berlin-Kremmen verbunden; das Anschlußgeleise durchzieht die Hauptstraßen des Werkes, und Schmalspurgeleise in sämtlichen Werkstätten vervollständigen diese Verbindung.

Ein großer Teil der Beamten und Arbeiter wohnt in Tegel selbst oder in der nahegelegenen Kolonie Borsigwalde.

Hinter dem Haupteingang steht das Verwaltungsgebäude, in dessen Erdgeschoß sich die kaufmännische Verwaltung befindet, während die darüberliegenden beiden Stockwerke und das Dachgeschoß mit den technischen Bureaux, dem Zeichnungsarchiv, der Lichtpausanstalt und dem photographischen Atelier usw. besetzt sind.

Die bedeutendsten Fabrikationszweige sind:
Lokomotiven,
Dampfmaschinen und Dampfkessel,
Kolbenpumpen,
Zentrifugalpumpen,
Druckluftwasserheber (Mammutpumpen),
Luft- und Gaskompressoren für alle Zwecke,
Eis- und Kältemaschinen nach dem Ammoniak-,
    Kohlensäure- und Schwefligsäuresystem,
Hochdruckrohrleitungen,
Preßluft- und Vakuum-Enstäubungsanlagen,
Maschinen und Apparate für die chemische Industrie,
Schmiede- und Gußstücke.

Der Grundbesitz in Tegel umfaßt eine Fläche von 400 000 qm, von denen bis jetzt für das Fabrikgelände ungefähr die Hälfte in Gebrauch genommen sind. Auf diesem Gelände sind ca. 740 000 cbm Werkstätten bzw. Fabrikbaulichkeiten errichtet.

Für den Transport der Werkstücke sind auf dem Fabrikterrain und in den einzelnen Werkstätten 40 Kräne bis zu 37$^{1}/_{2}$ t Tragfähigkeit und einer Spannweite von bis zu 17 m vorhanden.

Man betritt nach Überquerung des Hofes, der vom Lohnbureau mit der Torkontrolle, dem Verwaltungsgebäude, der Autogarage, den Ställen und Schuppen, dem

Fig. 2 Kesselschmiede

Fig. 3 Montage der Kompressoren

Feuerwehrübungsturm, dem Radsatzlager und den Verlade- und Speditionshallen eingesäumt wird, zuerst die Kessel-

Fig. 4 Konstruktionsbureau der Abteilung: Kältemaschinen

schmiede. Diese ist in sechs große Hallen geteilt und mit den vollkommensten Einrichtungen für den Transport und die Bearbeitung auch der größten Stücke versehen.

In dem östlichen Endfeld ist der Lokomotivrahmenbau untergebracht. Er enthält u. a. auch die Bohr-, Stoß- und Fräsmaschinen für die Massenbearbeitung von Lokomotivrahmenplatten, die, in Paketen bis zu 250 mm Höhe übereinandergelegt, mit drei Werkzeugen zugleich bearbeitet werden. Die übrigen Felder enthalten den eigentlichen Kesselbau, und zwar getrennt für Lokomotiv-, Großwasserraum- und Wasserrohrkessel, letztere in allen Spezialitäten: Steilrohrkessel, Schiffskessel usw. Eine besondere Halle dient der Fabrikation von Eisgeneratoren, Kondensatoren für Kältemaschinen usw. Auch die mechanischen Kettenrostfeuerungen werden hier zusammengebaut. Alle Kessel werden mit Ausnahme der Teile, bei denen dies praktisch unmöglich ist, hydraulisch genietet. Für das Verstemmen der Nähte und Nietköpfe sind ganz allgemein Preßluftwerkzeuge in Gebrauch. Die Bleche werden autogen geschnitten. Die zahlreichen Behälter für den Luftkompressoren- und Kältemaschinenbau in der Kesselschmiede autogen geschweißt.

Der Kesselschmiede angeschlossen ist das Bleche-, Nieten-, Wellrohr- und Siederohrlager, ferner die Rohrbiegerei und die Schweißerei für Wasserkammern und große Gefäße für die chemische Industrie.

In der Werkstraße auf der rechten Seite reiht sich an die Kesselschmiede die Großmaschinenmontage an. Hier ist im Zusammenbau stets eine große Menge von Eis- und Kältemaschinen, von Luft- und Wasserstoff-Kompressoren zu sehen, deren jährlich zirka 1000 Stück die Fabrik verlassen.

Besonders der Bau von Kältemaschinenkompressoren hat einen großen Umfang angenommen. Außerdem sind hier zu nennen: stehende schnellaufende Kapseldampfmaschinen, liegende Dampfmaschinen jeder Art und Größe, Pumpmaschinen, große Gebläsemaschinen, hydraulische Pressen usw.

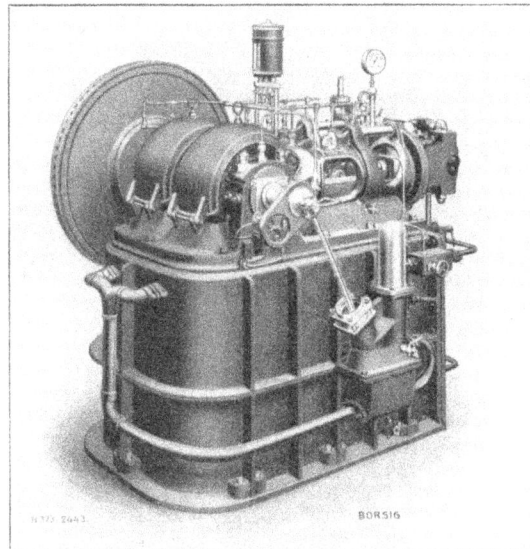

Fig. 5 CO₂ Schiffskältemaschine

Es folgt die mechanische Werkstatt, der die Großdreherei und Lokomotivteilschlosserei angegliedert sind.

1*

Fig. 6   Gießerei

Fig. 7   Rohrlager

Fig. 8   Rohrbiegerei

Fig. 9   Lokomotiv-Montage

In diesem Werkstättenkomplex befinden sich ca. 750 Arbeitsmaschinen, darunter 250 Drehbänke, 100 Hobel-, 140 Bohr- und 70 Fräsmaschinen für Schmiede- und Gußteile bis zu den größten im Maschinenbau vorkommenden Abmessungen.

Hinter den mechanischen Werkstätten befindet sich die Schraubenfabrik, die Versuchsstation für Kältemaschinen, Pumpen und Kompressoren sowie für Maschinenteile.

An diese reiht sich das Stahlguß- und Fassoneisenlager an, weiter die Hammerschmiede und die Kleinschmiede. Die Hammerschmiede verfügt über 45 doppelte Schmiedefeuer, 18

Fig. 10 Lehrlingswerkstatt

Schweiß- und Glühöfen, Dampfhämmer bis zu 6 t Bärgewicht, Schmiedemaschinen und hydraulische Pressen, darunter solche von 1200 und 2000 t Preßdruck.

Teile von dem Hüttenwerk der Firma im Borsigwerk, O.-S., geliefert werden.

Im anschließenden Neubau sind Brikettierungspressen untergebracht, welche die Stahlspäne gesondert von den Rotgußspänen zu Briketts verarbeiten, die dann zur Gattierungsstelle der Gießerei wandern. Es folgt dann die Schablonenschneiderei für die Schmiede und der Kaltsägenraum.

Das nächste Bauwerk ist das Kesselhaus mit der Ekonomiseranlage. Vorhanden sind 11 Wasserrohrkessel für 10 Atm. Überdruck, mit zusammen 2600 qm Heizfläche. Diese Kessel, mit Kettenrosten ausgerüstet, liefern den Dampf für das Kraft- und Lichtwerk, zum Teil auch für die Dampfhämmer und die Heizungsanlagen des Werkes. Das Kraftwerk enthält vier

Fig. 11 Beamtenkasino

In beiden Schmieden zusammen werden jährlich 10 800 t, und zwar in kleineren und mittleren Schmiedestücken bis zu 40 t, hergestellt, während alle schwereren

große stehende Ventilmaschinen, mit Dynamomaschinen direkt gekuppelt, von insgesamt 1800 KW Leistung. Außerdem sind noch 1 Abdampfturbine von 1500 KW

Leistung vorhanden, ferner einige kleinere Dampfdynamos und eine Akkumulatorenbatterie von 3000 Amp./Std.

In Nebengebäuden zum Kraftwerk befindet sich die Preßluftzentrale, in der Luftkompressoren die Preßluft für den Betrieb der verschiedenen Werkzeuge der Kesselschmiede, Gießerei usw. erzeugen, ferner die Materialprüfungsstation mit einer Zerreißmaschine von 40000 kg Belastungsfähigkeit, eine Härteprobiermaschine usw. und endlich das chemische Laboratorium.

Mit der Kraftzentrale ist der eine Endpunkt der Hauptstraße des Werkes erreicht. Diese überschreitend, gelangt man, den gleichen Weg wie zuerst, jedoch in umgekehrter Richtung zurücklegend, auf der gegenüber-

maschinen, Kolben- und Kreiselpumpen sowie von Kapseldampfmaschinen. In Verbindung mit diesen Werkstätten sorgen geräumige Hallen für die Aufnahme des Lagerbestandes an diesen Maschinen.

Dann folgt die Modelltischlerei mit den zahlreichen Holzbearbeitungsmaschinen. Hinter diesen Werkstätten und Lagerräumen nach der Ostseite hin liegt die Kupferschmiede und Rohrbiegerei, in der insbesondere die gewaltigen Rohrsysteme für Kühl- und Eisanlagen, Rohrschlangen für Eisgeneratoren und Schlangensysteme für Ammoniak-, Kohlensäure- und Schwefligsäure-Kältemaschinen den Blick auf sich lenken. Das geräumige Modellager ist, durch die Ausdehnung der übrigen Werk-

Fig. 12 Speisesaal für Beamte

liegenden Seite der Straße zu der Gießerei, deren jährliche Leistung rd. 10000 t Sand-, Lehm- und Masseguß beträgt. In Betrieb sind neun Kupolöfen und ein Konverter mit ca. 2200 kg Einsatz. In der Eisengießerei werden Stücke bis zu 50 t Einzelgewicht gegossen. Die Beschickung der Kupolöfen besorgt eine Elektrohängebahn.

Die Metallgießerei, die mit drei Piatöfen eine jährliche Leistung von über 2000 t Bronze- und Rotguß aufzuweisen hat, ist in einem besonderen Gebäude untergebracht, in dem sich auch die Gußputzerei für die kleineren Stücke befindet.

Zwischen der Metall- und der Eisengießerei liegt der Kleinmaschinenbau für die serienweise Herstellung besonders gangbarer Typen von Luftkompressoren, Kälte-

stätten verdrängt, außerhalb der Werkmauern in die nächste Nähe der Gießerei verlegt worden. Unmittelbar an die Tischlerei schließt sich die Werkzeugmacherei an. In dieser werden die Werkzeuge für sämtliche Betriebe der Fabrik, insbesondere Spiralbohrer, Gewindebohrer und Lehren aller Art, mit größter Genauigkeit angefertigt, gehärtet und geschliffen.

Der Weg führt weiter zum Zentralmagazin und dem Betriebsgebäude, in dem die Räume der Betriebsdirektion und der Vorstände der verschiedenen Werkstätten, sowie die Kalkulation und im obersten Stockwerk die eigene Druckerei der Firma sich befinden.

Den Abschluß der großen Werkstätten auf dieser Seite des Werkes bildet die Lokomotivmontage mit

Fig. 13   Speiseraum für Arbeiter

Fig. 14   Bibliothek im Beamtenkasino

einem Flächenraum von 12 000 qm, der ganzen Länge nach durch eine Materialgrube, über die eine elektrisch betriebene Schiebebühne hinweggleitet, in zwei Hälften geteilt und eingerichtet für eine jährliche Herstellung von 400 bis 500 Lokomotiven verschiedener Größe.

In die Lokomotivmontage ist auch die Lackierwerkstatt eingebaut, während ihr nach dem Werkshof zu das Lokomotivvorratshaus vorgelagert ist. Hier werden stets an 100 Lokomotiven für Klein- und Nebenbahnen, für Abraumarbeiten, für Zwecke des Berg- und Tunnelbaues usw. in den verschiedensten Abmessungen vorrätig gehalten. An der Ostseite des Werkes, an der Mauer entlang ziehen sich die Gleise für die Probefahrten fertiger Lokomotiven in einer Länge von ca. 1 km hin.

Auf der Westseite des Werkes liegen die Arbeitsstätten der Maschinenbaulehrlinge, die, ungefähr 400 an der Zahl, in einer besonderen Schule, deren Gebäude sich zwischen dem des Kleinmaschinenbaues und des Zentralmagazins befinden, von Beamten der Firma unterrichtet werden.

Für spätere Erweiterungen des Werkes stehen noch ca. 80 ha Landes zur Verfügung.

Außerhalb der Mauern des Werkes, auf der anderen Seite der Berliner Straße gelegen, erinnert ein großer Park mit geräumigem Kasino an die Wohlfahrtseinrichtungen, die die Firma für ihre Beamten und Arbeiter geschaffen hat. Musikzimmer, Spielzimmer, Klub- und Lesezimmer und Spielplätze in den Parkanlagen, stehen den Beamten bis in die späten Abendstunden zur Verfügung. Die Küche des Kasinos, deren große Vorräte in maschinell gekühlten Räumen frisch gehalten werden, sorgt für die Verpflegung. In zwei großen Speisesälen werden Speisen und Getränke den Beamten und Arbeitern zu billigsten Preisen verabreicht.

In der bereits eingangs erwähnten Kolonie Borsigwalde, etwa 10 Minuten von dem Werk entfernt, erhalten Beamte und Arbeiter preiswerte Wohnungen zum Teil mit anschließenden Gärten.

Die Beschaffung guter und billiger Lebensmittel ermöglicht eine Einkaufsvereinigung mit einer Verkaufshalle innerhalb des Werkes. Eine eigene Pensionskasse sorgt für die finanzielle Sicherstellung der Beamten nach einer bestimmten Anzahl von Dienstjahren. In einer eigenen Sparkasse verzinst die Firma die Einzahlungen ihrer Beamten unter günstigen Bedingungen. Für die Arbeiter besteht eine Invalidenkasse für den Fall der Arbeitsunfähigkeit und die Luise Borsig-Stiftung, die sich die Unterstützung alter Arbeiter und ihrer Familien zur Aufgabe macht. Ein Gesang- und ein Turnverein der Beamten, sowie ein Ruderklub werden von der Firma in freigebigster Weise unterstützt.

Die Tüchtigkeit der Werksfeuerwehr und der Sanitätskolonne kommt nicht nur dem Werke und dem Orte Tegel selbst, sondern auch den umliegenden Ortschaften zugute.

Fig. 15 NH$_3$-Kompressor für 1 200 000 Kal. Stundenleistung

Mit Ablauf desselben Monats, welcher die Mitglieder des III. Internationalen Kältekongresses in Chicago zu interessanter Arbeit vereinigt, kann die Firma A. Freundlich, Maschinenfabrik, Düsseldorf, auf eine 25-jährige Tätigkeit zurückblicken; nichts kann daher näherliegen, als die zur Beschreibung der Werke offenstehenden Spalten des Festberichtes in die Form einer kleinen Jubiläumsplauderei zu kleiden.

Größere Unternehmungen des heutigen industriellen Lebens, wenn solche auch noch im Besitze von Privatunternehmern sind, gehören nicht mehr ausschließlich der Interessensphäre der unmittelbar daran Beteiligten zu, sondern haben in Rücksicht auf volkswirtschaftliche und soziale Konstellationen auch eine Bedeutung für die Allgemeinheit. Solch größere Privatunternehmen, wie es die Firma heute noch ist, haben als Glieder des gesamten Wirtschaftsorganismus, vom Standpunkte eines gewissen Verantwortlichkeitsgefühles betrachtet, wichtige Einzelaufgaben zu erfüllen, weil von ihrem Gedeihen das Wohl und Wehe Hunderter von Arbeitern und Beamten abhängig ist, und damit kann es nur von Interesse sein, die Entwicklung, das Wirken und Schaffen eines solchen Privatunternehmens bei passender Gelegenheit in seinen Einzelheiten kennen zu lernen.

Aus diesem Gedankengang heraus entstand die nachstehende Schilderung des Werdeganges der Maschinenfabrik A. Freundlich, Düsseldorf.

Wie bescheiden die Anfänge waren, möge aus der Tatsache entnommen werden, daß der gleichnamige Begründer der Firma, welcher heute noch als allein haftender Gesellschafter an der Spitze des Unternehmens steht, am 1. Oktober 1888 in einem gemieteten Hinterhause der Steinstraße eine etwa 10 qm große Werkstätte, mit einem Kupferschmiedegesellen besetzt, schuf.

Der 1 PS-Benzmotor machte bei der Verlegung dieser Werkstätte nach der Bahnstraße einem 7 PS-Motor Platz, und gleichzeitig wurde der bisherigen bescheidenen Kupferschmiede eine noch bescheidenere Dreherei angegliedert. — Diese Miniaturwerkstätte arbeitete allerdings unter den denkbar günstigsten Vorbedingungen.

Der Inhaber, welcher schon ca. sechs Jahre vor der Gründung seiner eigenen Firma die engsten Beziehungen zu der damals eben erstandenen Kälteindustrie pflegte, indem er u. a. als Generalvertreter für Rheinland und Westfalen der Raoul Pictet-Eismaschinen, die hochinteressanten Kämpfe und Auseinandersetzungen Pictet/Linde mit durchfechten durfte, stand in täglichem Konnex mit den Interessenten dieses mächtig aufblühenden Industriezweiges.

Das Brauereigewerbe, damals fast noch die einzige Interessentin für die Kühlmaschine, stand im Zenit seiner Blüte, und so ward es der kleinen Werkstatt, welche ursprünglich als Brauereimaschinenfabrik gedacht war, weil, wie oben erwähnt, die Brauerei damals der größte Abnehmer der Kältemaschinenindustrie war, relativ leicht, von Stufe zu Stufe sich hinaufarbeitend, immer breiteren Fuß zu fassen. Die überaus rasch fortschreitende Entwicklung, welche die deutsche Industrie in jenen Jahren nahm, warf überdies noch ihren Abglanz auf das junge Kältemaschinengewerbe, und wer damals ernsthaft und mit klarem Kopfe Arbeit suchte, fand solche zu auskömmlichen Preisen.

Da konnte es nicht fehlen, daß sehr bald auch wieder die neuen Arbeitsräume zu klein wurden, schon deshalb, weil inzwischen neben der gepflegten Eiszellenfabrikation, dem Luftkühlapparatebau, welche bislang den Haupt-

Fig. 2 Ammoniak-Eiserzeugungs-Anlage für Riemenbetrieb

Fig. 3
Elektrokühlmaschine
»Polarblitz«
mit direkt gekuppelter
Wasserpumpe
Kohlensäure —
Marinetyp

Fig. 4
Liegender Ammoniak-Kompressor
mit erhöhter Tourenzahl
Typ »Bosch«

Fig. 5
Doppelkompressor
für 100 000 kg
tägliche Eiserzeugung

Fig. 6
Ammoniak-
Kleineismaschine

Export-Typ
Modell »Magdeburg«

Fig. 7
Stehender
Ammoniak-
Dampfkompressor

Modell »Wien«

Fig. 8 Doppelseitiger Großgenerator Modell »de gekroonde Valk«

fabrikationszweig bildeten, bereits der Bau von kompletten größeren Eisbildnern, Kondensatoren und sonstigen Apparaten der Kühlmaschinenbranche in den Bereich der Fabrikation einbezogen wurde. Sehr häufig kam es damals vor, daß ein einzelner großer Generatorauftrag die ganzen Fabrikationsräumlichkeiten ausfüllte. So kam es, daß rasch hintereinander die Stätten der Fabrikation mangels der Möglichkeit einer weiteren Ausdehnung gewechselt werden mußten, und nach kaum dreijährigem Aufenthalt in der Bahnstraße wurden die Fabrikräumlichkeiten im eigenen Hause Florastraße (1893) bezogen. Die 7 PS-Antriebsmaschine mußte einer 30 PS weichen, und zu den bald ungenügenden Räumlichkeiten wurden noch weitere in der Kronenstraße hinzugemietet. Werkzeugmaschinen reihten sich allmählich an Werkzeugmaschinen, und schon anfangs 1896 stellte sich die Notwendigkeit heraus, bedeutende Vergrößerungen vorzunehmen, und es wurde in der Suitbertusstraße ein geeignetes Terrain erworben und darauf die neue Fabrik, unter Ausnutzung der bisherigen Erfahrungen und nach allen Regeln der Fabrikbaukunst, geschaffen.

Die damals installierte 80 PS-Dampfmaschine reichte auch nur sehr kurze Zeit aus, und heute besitzt die Fabrik eine 250 PS starke Antriebskraft.

Die notwendigen Betriebsverbesserungen und Neuanlagen wurden stets mit größter Vorsicht vorgenommen, und immer erst, wenn die eingelaufenen Aufträge nicht mehr mit den vorhandenen Einrichtungen bewältigt werden konnten, wurde zur Erweiterung geschritten.

Das Jahr 1899 bedeutete einen denkwürdigen Schritt vorwärts in der Entwicklung des Werkes. Der erste Ammoniakkompressor eigenen Modells und Fabrikates, und damit die erste komplette Eis- und Kühlmaschine, wurden im Werke selbst hergestellt.

Neben dem nunmehr kräftig aufgenommenen Bau kompletter Eis- und Kühlmaschinenanlagen ging die Fabrikation der inzwischen zu Weltruf gelangten Eiszellen Marke »Freundlich« kräftig weiter und gewann eine solche Bedeutung, daß heute die auf Massenabsatz eingerichtete Abteilung eine Produktionsfähigkeit von jährlich 180 000 Stück Eiszellen aufweist.

In gleichmäßig ansteigender Linie wuchsen die Geschäftsergebnisse bis zum Jahre 1901/02 weiter. Dann kamen die für den deutschen Kältemaschinenbau so schweren Jahre des Niederganges. Als in Deutschland die allgemeine Geschäftslage erschreckend schlechter wurde, gingen die Preise für die Fabrikate stark zurück, der Umschlag sank auf ein Niveau, welches in großem Mißverhältnis zu den Generalunkosten stand; mit den sinkenden Herstellungsmengen wurde aber auch der Betrieb immer teurer; da hieß es, einerseits stillhalten und anderseits mit Anspannung aller Kräfte die schon vorher gepflegten Exportbeziehungen nach Möglichkeit zu erweitern, um Ersatz für den Ausfall am heimischen Markt rasch zu schaffen. Es gelang, das Gleichgewicht zwischen Produktionsfähigkeit und Absatz relativ schnell wiederherzustellen und wertvolle Beziehungen zu Interessenten aller Herren Länder des Erdballs anzuknüpfen.

Fast gleichzeitig mit jener Zeit des Stillstandes nach außen hin fallen die ersten Versuche der Firma, die teilweise überlebten, veralteten, langsam laufenden Kompressortypen durch neuartige, dem modernen Schnellbetrieb angepaßte Konstruktionen zu ersetzen.

Der stehende Kompressor Modell »Polarblitz«, D.R.P. 184 867, wurde seit langem schon nach allen Richtungen auf der Probierstation auf seine Wirtschaftlichkeit hin geprüft und, nachdem auch Autoritäten, welche zur Beurteilung herangezogen wurden, auf Grund von Versuchsdaten die Überlegenheit dieses Typs bei gewissen Verhältnissen anerkannt hatten, Anfang des Jahres 1905 der Öffentlichkeit übergeben.

Wie alles mächtig Emporstrebende, so begegnete auch diese Neukonstruktion heftigster Anfeindung, die jedoch dem Erfolg auf diesem Arbeitsfelde nicht Einhalt gebieten konnte. — Nachdem die Kinderkrankheiten glücklich überstanden waren (sie dauerten lange 2 bis 3 Jahre), zeigte die gewaltig zunehmende Verbreitung dieses Typs, daß der mit Beharrlichkeit verfolgte Weg der richtige war. Weder durch Reklame noch durch sonstige äußere Mittel kann dauernd ein so durchschlagender Erfolg, wie diesem neuen Maschinentyp in den letzten Jahren beschieden ist, erreicht werden. In der konstruktiven Überlegenheit nur wurzeln dessen beispiellose Erfolge. Im letzten Fabrikationsjahr durften über 200 dieser Kompressoren im Werke hergestellt werden.

Das Unternehmen besitzt heute, inmitten Düsseldorfs gelegen, ein Areal von ca. 15 000 qm Bodenfläche mit ca. 8000 qm überbauten Arbeitsräumen und folgende Einzelabteilungen: Maschinensäle, Schlosserei, Kesselschmiede, Aufmontage, Gießerei, Kupferschmiede, Klempnerei, Schmiede, Schweißerei, Verbleierei, Verzinnerei, Modellschreinerei und Maschinenhaus mit ca. 200 Werkzeugmaschinen, die fast ausnahmslos als Spezialmaschinen zur Herstellung aller für Kühlanlagen erforderlichen Maschinen und Apparate ausgebildet sind. Ende April d. J., dem Zeitpunkte der Niederschrift dieser Zeilen, waren insgesamt ca. 1800 komplette Eis- und Kühlmaschinen bzw. -Apparate mit einer Stundenleistung von ca. 30 Millionen Kalorien in der

Fabrik hergestellt. Über 300 Arbeiter und Beamte werden beschäftigt.

Eine nicht zu unterschätzende Grundlage des Unternehmens bildet seine zentrale Lage inmitten des Rheinisch-Westfälischen Industriebezirkes, an der Stätte der Hochburg der deutschen Röhren- und Fein- und Grobblechindustrie in Düsseldorf. Die hauptsächlichsten Rohmaterialien, wie Bleche, Röhren, Stab- und Façoneisen, Schrauben, werden der Firma ohne Frachtbelastung quasi zum Fenster hereingereicht. Ein weiterer bedeutsamer Faktor für die Leistungsfähigkeit ist der Rheinwasserweg für den Binnenverkehr und den Export nach den Seehäfen Antwerpen, Rotterdam, Amsterdam, London, Hamburg, Bremen, Lübeck usw. Die großzügig organisierte Rheindampfschiffahrt ermöglicht zu billigen Frachten den Versand der Fertigfabrikate in Durchfracht nach obengenannten Häfen.

Eine weitere Stärke der Firma ist, daß alle Einzelteile der Eis- und Kältemaschinen im eigenen Werke hergestellt werden.

Wenn heute, nach 25 jähriger Arbeit, dem Unternehmen ein durchschlagender Erfolg beschieden ist, so ist es nicht an letzter Stelle die zielbewußte Arbeit, welche von Anfang an allem Beginnen innegewohnt hat.

Den Fährlichkeiten, welche die Entwicklung eines Großunternehmens eben einmal mit sich bringt, ist stets

Fig. 9 Zwillingskompressor Modell »Schwaben«
320000 Kalorien mit direkt treibendem Hochspannungsmotor

mit der größten Zähigkeit entgegengetreten worden, und gerade der eiserne Zwang zum steten Kampfe ist vielleicht der Grund dafür gewesen, daß der Begründer, welcher allzeit die besten Mitarbeiter, Ingenieure und Beamte um sich zu sammeln verstand, das Unternehmen zum heutigen Erfolg geführt hat. Die Bedeutung einer soliden kaufmännischen und technischen Grundlage in der Verwaltung wurde nie unterschätzt und, mit wohlüberlegten, raschen Entschlüssen sich jeweils der mächtig voranschreitenden Entwicklung der Kältetechnik und der Zeit überhaupt anpassend, neue, selbstgeschaffene Wege eingeschlagen.

Eine Reihe gesetzlich geschützter Konstruktionen, welche die Firma besitzt, beweisen, daß jederzeit besonderer Wert darauf gelegt wurde, an einem gesunden Fortschritt der Kältetechnik mitzuarbeiten. Ein fester Wille, gepaart mit nie versagender Ausdauer, war das Sinnbild der verflossenen 25 Jahre. Große Aufgaben harren noch der verhältnismäßig sehr jungen, überaus entwicklungsfähigen Kälteindustrie und damit auch für die Firma Freundlich Aussichten in Hülle und Fülle, sich auch in den kommenden Entwicklungsabschnitten ihren wohlerworbenen Platz zu behaupten.

Fig. 10   Schwefligsäure-Eismaschine für Hand- und Riemenbetrieb
Typ 1912

A. Haacke & Co., Celle, Wärmeschutzmassen- und Korksteinfabrik

Die im Jahre 1879 von W. B e r k e f e l d i n C e l l e unter diesem Namen gegründete Firma befaßte sich zunächst mit der Herstellung und Verarbeitung der heute noch als erstklassig bekannten Kieselgurkompositionen sowie der von Berkefeld zuerst auf den Markt gebrachten Isolierschnüre. 1885 wurde das Werk von der Firma A. Haacke & Co. in London, Inhaber Albert Haacke und Wilhelm Windmoeller, käuflich erworben und unter A. Haacke & Co., Celle, handelsgerichtlich eingetragen; nach dem am 1. Juli 1891 erfolgten Ausscheiden des Herrn Windmoeller wurde Herr Albert Haacke alleiniger Inhaber.

Im Jahre 1895 wurde die Herstellung von Korksteinfabrikaten aufgenommen, welche durch vier Deutsche Reichspatente geschützt wurde, und die seitdem eine ständige Ausdehnung erfahren hat.

Besonders sind es die wasserfest imprägnierten

A l g o s t a t korkplatten,

die in großen Mengen zur Isolierung von Eis- und Kühlräumen verwendet werden.

Das spez. Gewicht dieser Platten ist garantiert 0,22, der Wärmeleitungskoeffizient nach den Ermittelungen der Kgl. Techn. Hochschule in München bei 0° C 0,0414.

Die ca. 20 000 qm großen Fabrikgrundstücke der Firma liegen an der schiffbaren Aller und sind mit Gleisanschluß versehen, so daß die Verladung der Materialien direkt auf den Fabrikhöfen erfolgen kann.

Die Werke sind mit allen technischen Neuerungen versehen und ermöglichen eine Tagesproduktion von etwa 2000 qm Korksteinfabrikaten, die Produktion von Kieselgurfabrikaten und Isolierschnüren beträgt pro Jahr etwa 300 Waggons à 10 000 kg.

In der Lüneburger Heide besitzt die Firma ein umfangreiches Grubenterrain, auf welchem die zur Herstellung der Isoliermassen erforderliche Kieselgur gewonnen wird.

Beschäftigt werden insgesamt etwa 300 Arbeiter, davon 120 langjährig geübte Isolierer auf auswärtigen Montagen.

Zweiggeschäfte werden unterhalten in Düsseldorf, Berlin, Breslau, Hamburg, Halle, Stuttgart und Rotterdam.

Die Firma hat für eine große Anzahl städtischer Schlachthöfe, Metzgereien, Brauereien und Molkereien die Isolierungen geliefert. Aus letzter Zeit sind an größeren Anlagen zu nennen:

Kühlhaus-Zentrum, Hamburg,
Kühlhaus Lübeck A.-G.,
Gefrierhaus Bremerhaven,
Hapag-Dampfer Imperator.

Gesellschaft für Lindes Eismaschinen A.-G., Wiesbaden

Die Gesellschaft für Lindes Eismaschinen widmet sich im weitesten Sinne einerseits der mechanischen Kälteerzeugung und -verwendung, anderseits der Gasverflüssigung und den zahlreichen damit zusammenhängenden Aufgaben. Das Unternehmen, aufgebaut auf den Erfindungen, hochgebracht durch die Tätigkeit des Professors C. v. Linde und dauernd unzertrennlich mit seinem Namen verknüpft, möge hinsichtlich seiner Entwicklung und Ausdehnung nachstehend beschrieben werden.

Die Gesellschaft wurde in engem Kreise befreundeter und einsichtiger Männer mit M. 200000 Aktienkapital im Jahre 1879 in Wiesbaden gegründet, nachdem die ersten Kältemaschinen Lindeschen Systems bereits gebaut waren und innerhalb wie außerhalb Deutschlands Anklang gefunden hatten.

Ausgehend von dem Gedanken, daß hier noch ein fast unbearbeitetes Gebiet vorliege, welches theoretisch, konstruktiv und hinsichtlich seiner Anwendungen in technischem Maßstab die sorgsamste Ausbildung verlange, errichtete man in Wiesbaden ein Zentralbureau für die vollständige Bearbeitung aller kältetechnischen Aufgaben, also für deren Behandlung von den ersten Berechnungen an bis zur Fertigstellung der Arbeitszeichnungen aller zur Verwendung gelangenden Einrichtungen. Letztere selbst sollten unter Zuhilfenahme einiger der namhaftesten Maschinenfabriken Deutschlands und des Auslandes zur Ausführung kommen. In dieser Weise wurde von vornherein die für einen neuen Zweig der Technik so wichtige und fruchtbare Wechselwirkung zwischen Theorie, zeichnerischer Gestaltung und konstruktiver Ausführung erzielt und seitdem eine fast 33jährige, erfolgreichste Tätigkeit entfaltet.

Nachdem die technischen und ökonomischen Vorzüge des neuen Verfahrens rasch offenkundig wurden, setzte die zweite Periode in der Tätigkeit der Lindeschen Gesellschaft ein, indem sie in der Überzeugung, daß der Absatz von Kunsteis in größeren Mengen gewinnbringend, und in der Gewißheit, daß durch die Vorführung solcher Anlagen im eigenen Betriebe auch deren Dauerhaftigkeit und Betriebssicherheit praktisch am besten nachweisbar seien, im Jahre 1881 und 1882 vier große Eiswerke (in Barmen, Straßburg, München und Stuttgart) in eigener Regie erbaute und in Betrieb nahm. Die erwarteten Folgen blieben nicht aus; angeregt durch diese Vorbilder, begann zunächst die Industrie der Bierbrauerei die bisherigen Bedenken endgültig fallen zu lassen, und als der eisarme Winter von 1883/84 weiterhin fördernd eingriff, vergrößerte sich die Anzahl Lindescher Kältemaschinen in unerwartet rascher Weise.

Von über 40 Aufträgen je in den Jahren 1882 und 1883 stieg die Ziffer für 1884 auf 133 Anlagen; Eisfabriken von bis dahin dem Auslande unbekannter Leistungsfähigkeit wurden auch in Paris und London errichtet. Während der genannten Jahre wurde nicht nur der Bau von eigentlichen Kühl- und Eismaschinen zu hoher Vollkommenheit gebracht, sondern auch zugleich eine Reihe von Nutzanwendungen künstlicher Kälte geschaffen, welche heute fast sämtlich vorbildlich sind. Aus einer Periode dankbarster Probleme und glücklichster Lösungen mögen nur einige solcher Errungenschaften angeführt werden. Einführung der künstlichen Würze- und Gärbottichkühlung in Brauereien vermittelst kalten Süßwassers (München 1876), Würzekühlung in obergärigen Brauereien (London 1877), Luftkühlung in Gärkellern und künstliche Ventilation (Triest 1877), Luftkühlung von Lagerkellern mit »stiller« Luftzirkulation (München 1878), Herstellung kristallheller Eisplatten in rotierenden Eisgeneratoren (Bombay 1879), Entzuckerung der Rübenmelasse nach dem Strontianverfahren (Waghäusel 1879), Kühlung bei Fabrikation kondensierter Milch (Cham 1880), Anwendung auf Prozesse der Anilinfabrikation (Höchst 1880), künstliche Eislaufbahn (Ausstellung Frankfurt 1882), Margarinefabrikation (Oß 1883), Stearinkühlung (Brüssel 1883), städtische Schlachthofkühlung (Wiesbaden 1884), Kristallisation aus Laugen (Aussig 1884), Benzolextraktion (Sheffield 1884), Paraffingewinnung (Pechelbronn 1885), Exportschlächterei (Hamburg 1885), Fleischgefrierung (Argentinien 1886), Parfümfabrikation (Leipzig 1885), Lithopone- und verwandte Fabrikationen (Schöningen 1887). Die wichtigste Besonderheit der Lindeschen Kühlung auf Seeschiffen datiert aus den Jahren 1888 (White Star Line) und 1893 (Norddeutscher Lloyd); die Verflüssigung von elektrolytisch gewonnenem Chlor unter atmosphärischem Druck wurde zuerst in großtechnischem Umfang ab 1895 eingeführt. Die erste Kühlanlage für Trocknung des Gebläsewindes für Hochöfen und Konverter — für die Tiefkühlung von stündlich etwa 200000 cbm Luft, entsprechend 2½ Millionen Stundenkalorien — kam im Jahre 1910 in Betrieb.

Für alle diese Zwecke wird die erforderliche Kälte durch Kältemaschinen nach dem Kompressionssystem geliefert, welche vornehmlich mit wasserfreiem Ammoniak arbeiten, aber zum kleineren Teil auch mit Kohlensäure, schwefliger Säure, Stickoxydul und anderen geeigneten Kältemitteln.

Wenn auch die in England und in den Vereinigten Staaten rasch aufblühende Lebensmittelkonservierung durch künstliche Kälte auf dem europäischen Festlande nicht gleichen Schritt hielt, so wurde doch die Gesellschaft für Lindes Eismaschinen bald veranlaßt, auch in der Errichtung von Kühlhäusern im großen Stile vorbildlich zu wirken und damit in eine dritte Periode ihrer Entwicklung einzutreten. Unter der Mitwirkung und Leitung von Linde wurden in Hamburg zwei große Kühlhäuser und Eisfabriken, namentlich aber in Berlin eine mächtige Anlage — weitaus das größte Etablissement für solche Zwecke auf dem Kontinent — dieser Art geschaffen und unter Bildung einer besonderen »Gesellschaft für Markt- und Kühlhallen« in eigener Regie betrieben und verwaltet. Ähnliche Tätigkeit wurde in Leipzig, Nürnberg, Altona und Dresden sowie durch Errichtung eines weiteren Kühlhauses in Berlin entfaltet. Die Einrichtungen dieser Kältepaläste sind mustergültig, sowohl hinsichtlich wirtschaftlicher Betriebsführung als auch in der Erzeugung keimfreien

Kristalleises und in der Verwahrung verderblicher Gegenstände aller Art, deren Wert in einem einzigen Gebäude viele Millionen Mark erreicht.

Von erheblicher Wichtigkeit für die Konservierung von Nahrungsmitteln aller Art erwies sich das Lindesche System der Kälteerzeugung auch in seiner Anwendung auf Seeschiffen deutscher und ausländischer Herkunft. Es sind damit im Laufe der Jahre ca. 290 Schiffe mit 485 Kühlmaschinen ausgerüstet worden, worunter sich eine Reihe von Transportschiffen für vollständige Ladungen von gefrorenem Fleisch befinden. Die Kriegsmarinen verschiedener Länder gehören ebenfalls zu den Bestellern von Lindeschen Kälteeinrichtungen.

Ein jüngerer, aber nicht minder wichtiger Zweig der Gesellschaft für Lindes Eismaschinen verdankt seine Entstehung und Entwicklung ebenfalls dem Geheimrat Prof. v. Linde und richtet sich unter dessen persönlicher Leitung im eigenen Werk zu Höllriegelsgreuth bei München auf die Gewinnung von Sauerstoff, Stickstoff, Wasserstoff und anderer Industriegase. Hierüber ist von der Gesellschaft Linde ein besonderer Bericht verfaßt worden und liegt dem gegenwärtigen Kongreß vor, so daß der Hinweis darauf an dieser Stelle genügen möge. Für die beiden Ländergebiete (Vereinigte Staaten von Nordamerika und Großbritannien), in welchen neben Deutschland die Kälteindustrie die größte Entwicklung aufweist, wurde von der Gesellschaft für Lindes Eismaschinen die Verwertung der Lindeschen Patente und Konstruktionen an Tochterunternehmungen abgetreten. Schon im Jahre 1880 erwarb W. Wolf in Chicago die entsprechenden Rechte, und im Jahre 1885 wurde unter dauernder Mitwirkung der Gesellschaft für Lindes Eismaschinen in London »The Linde British Refrigeration Co.« begründet.

Bis Mitte Mai 1913 waren ausgeführt oder in Ausführung begriffen ca. 8400 Lindesche Kältemaschinen, welche in etwa 5020 Etablissements arbeiten; davon sind über nahezu 1200 Fleischkühlanlagen zu Lande und 290 auf Seeschiffen. Im übrigen umfassen die eben genannten Werke: 1842 Bierbrauereien, 587 Eisfabriken, 185 Butterfabriken und Molkereien, 134 chemische Fabriken, 17 Zuk-

Geheimer Rat Professor Dr. C. v. Linde

kerraffinerien, 9 Stearinfabriken, 28 Champagnerfabriken, 11 Gummiwarenfabriken, 53 Schokoladefabriken, 8 Bergwerke, 102 Sauerstoff- und Stickstoffwerke sowie ungefähr 550 Etablissements für andere Zwecke. Derartige Kälteanlagen Lindeschen Systems befinden sich mit den angegebenen Zahlen in nachstehenden Ländern:

Deutsches Reich	1718	Anlagen
Österreich-Ungarn	375	»
Schweiz	133	»
Frankreich und Kolonien	92	»
Holland, Belgien und Kolonien	104	»
Italien, Spanien, Portugal und Kolonien	102	»
Dänemark, Norwegen und Schweden	46	»
Rußland und Balkanstaaten	96	»
Brasilien	35	»
Mexiko, Guatemala usw.	52	»
Argentinien, Paraguay, Uruguay	73	»
Chile und Peru	49	»
Kolumbien und Venezuela	41	Anlagen
China und Japan	26	»
Ägypten	24	»
England und Kolonien	1140	»
Vereinigte Staaten von Nordamerika	914	»

Der fortwährende steigende Geschäftsumfang forderte eine namhafte Vergrößerung des Gesellschaftskapitals. Dasselbe wurde erhöht:

im Jahre 1880	auf M.		400 000
» » 1881	»	»	700 000
» » 1885	»	»	1 400 000
» » 1888	»	»	1 750 000
» » 1889	»	»	4 000 000
» » 1899	»	»	5 000 000
» » 1908	»	»	7 000 000
» » 1911	»	»	7 500 000
» » 1912	»	»	10 000 000
» » 1913	»	»	12 000 000

Grünzweig & Hartmann G. m. b. H., Ludwigshafen a. Rh.

Wie an der Lösung des Problems der rationellen Kälteerzeugung durch die Kältemaschine deutsche Physiker und Ingenieure hervorragend beteiligt sind, so ist es auch eine d e u t s c h e E r f i n d u n g, welche die Kälteschutztechnik, deren Aufgabe die wirtschaftliche Ausnutzung der erzeugten Kälte ist, erst auf eine breite Grundlage gestellt hat, nämlich der K o r k s t e i n. Es ist das Verdienst des Gründers und Leiters der Korkstein-Fabrik Grünzweig & Hartmann, G. m. b. H. in Ludwigshafen a. Rh., Kommerzienrat Dr. C. G r ü n z w e i g, als erster die damals wertlosen Abfälle der Korkstopfenfabrikation — etwa 60% des verarbeiteten Korkholzes, derer man sich durch Verbrennen zu entledigen suchte — in ihrer heute noch unübertroffenen Eignung als Wärmeschutzmaterial erkannt und erfolgreich verwertet zu haben. Die von ihm im Jahre 1878 gegründete Korksteinfabrik ist inzwischen vorbildlich geworden für eine mächtig erblühte Industrie.

Der Korkstein von heute hat zwar ein wesentlich anderes Gepräge als die anfänglichen, tastenden Versuche, und der erste 1880 durch ein Deutsches Reichspatent geschützte, in Handel gebrachte Baustein, eine Mischung von Korkklein mit Ton und Kalk, beansprucht nunmehr historisches Interesse.   Aber auf Kork als Grundstoff ist heute noch jeder rationelle Kälteschutz aufgebaut, und für absehbare Zeit wird trotz aller Bemühungen kein Surrogat sich finden lassen, welches die im Kork nur einmal von der Natur so glücklich vereinigten Voraussetzungen eines allen Ansprüchen gerechten — und derer sind nicht wenige — Kälteschutzmaterials wiederholt.

Kommerzienrat Dr. Grünzweig

Als Standardtyp für die Kältetechnik hat sich ein seit 1898 unter dem Namen »R e f o r m« fabrizierter Korkstein eingeführt, welcher durch Imprägnation mit geruchlosem Steinkohlenpech die dem im Hochbau gebräuchlichen Originalkorkstein noch fehlende Wasserechtheit erlangt hat, wegen seiner vorzüglichen Isolierwirkung, Handlichkeit und Eignung als Baumaterial. Er dient in Plattenformat von jeder Stärke zur Bekleidung der Umfassungsmauern von Kühlräumen so gut wie in Gestalt von Formstücken jeder Art zur Umhüllung von Rohrleitungen und Maschinenteilen, läßt sich wie Holz schneiden, nageln und sägen und wie Stein mauern und putzen. Seinem Beispiele folgend, werden mit Ausnahme Nordamerikas heute fast ausschließlich mit Pech imprägnierte Korksteine in der Kälteschutzindustrie angewandt, und erst in jüngster Zeit wurde wieder unter der Initiative der stets führenden Korksteinfabrik in Ludwigshafen ein neuer Schritt nach vorwärts getan.

Fig. 1 Verlegen der Korksteinplatten

Fig. 2 Schlachthof Ludwigshafen a. Rh. Isolierung der Vorkühlräume ca. 3400 qm

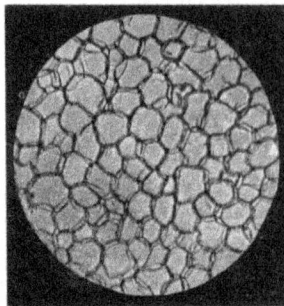
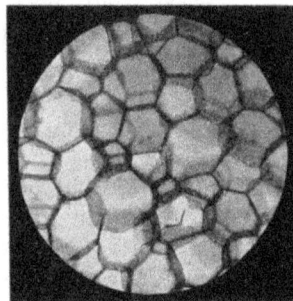

Rohkork   Expansit
Fig. 3 u. 4 Schnitt durch die Korkzellen bei gleicher mikroskopischer Vergrößerung

Auf dem verflossenen Kältekongreß in Wien 1910 (vgl. Bericht II. Internat. Kältekongreß »Der Kork als

Fig. 5 Kühlwagen isoliert mit Expansit-Korkstein

Wärmeisolator«, Vortrag von Dr. M. Grünzweig, Dipl.-Ingenieur) konnte die Firma von einem neuen, inzwischen in allen Kulturstaaten geschützten Verfahren berichten,

legen, konnte sich derselbe wegen des hohen Korkverbrauchs in Deutschland als zu kostspielig nicht behaupten, während dem praktischen Amerikaner für Kälteschutzzwecke das Beste gerade gut genug erscheint. Durch die Ausdehnung der Korkzelle, welche durchaus die Struktur der Mikrophotographie des Expansits zeigt, ist der Expansitstein befähigt, die Vorzüge des amerikanischen »Nonpareil« mit der Wohlfeilheit des deutschen Korksteins zu vereinigen, welche beide er aber an Isoliereffekt und Leichtigkeit übertrifft: Er wiegt nur ca. 80—100 kg p r o c b m und wird daher besonders auf dem Gebiet des transportablen Kühlwesens eine große Bedeutung erlangen.

In der Fabrikation des stets besten Kälteschutzmaterials hat jedoch die Firma Grünzweig & Hartmann nur einen Teil ihrer Aufgabe erblickt, sie suchte den zweiten in Beantwortung der immer neuen Fragen und

Fig. 6 Société Anonyme des Chocolats au Lait F. L. Cailler, Broc (Schweiz). Isolierung der Kühlräume ca. 8000 qm

welches unter Wegfall der Pechimprägnation die Erzeugung eines dicht geschlossenen, in der Hitze geschweißten Korkformstückes zum Endzweck hat und durch Vergrößerung der Korkzelle auf das doppelte Volumen neben pyrogener Umwandlung der Korksubstanz beruht. Das Verfahren wurde, da einige Schwierigkeiten die Großfabrikation bis zu diesem Jahre noch verzögern, inzwischen auf die bewährte Technik des imprägnierten Pechkorksteins übertragen. Sämtliche Erzeugnisse desselben sind der Firma durch das Warenzeichen »E x p a n s i t« geschützt, welches sich in der kurzen Zeit schon guten Klang erworben hat, da es eine Gewähr für deren hervorragende, von keiner Konkurrenz erreichte Leichtigkeit und Isolierwirkung bietet. Als Vorläufer des neuen Expansitsteins werden die Besucher des Chicagoer Kältekongresses jedenfalls den amerikanischen »Nonpareil« benannten Preßkorkstein kennen lernen, den Smith im Jahre 1892 ebenfalls unter Benutzung des natürlichen, in der Hitze entwickelten Klebstoffs des Korkes zuerst darstellte. Obwohl dem imprägnierten Korkstein an Wirkung über-

Ansprüche, welche seit Einführung der künstlichen Kühlung mit fortwährend tieferen Temperaturen an die Bauweise der zum wirtschaftlichen Betrieb notwendigen

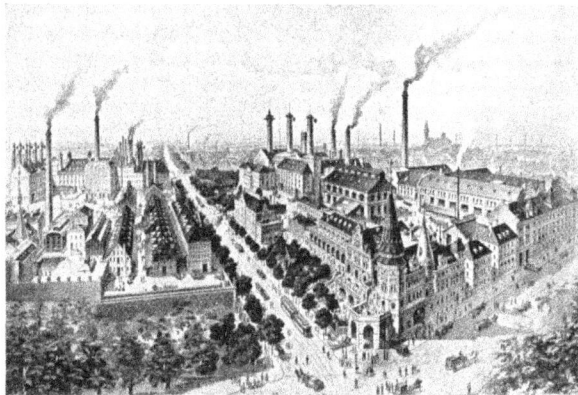

Fig. 7 Löwenbräu München. Ausgeführte Isolierung ca. 2000 qm

Räume gestellt werden. In der Abhandlung zur Technik der »Kälteindustrie« und anderen Veröffentlichungen sind

die langjährigen Erfahrungen und Resultate planmäßiger Untersuchungen in wissenschaftlicher Form unter rechnerischer Begründung niedergelegt. Es wurden die besten Methoden ausgearbeitet für die Isolierung der verschiedenen Apparate und Rohrsysteme der zur Erzeugung

Auch die Isolierung von Dampfkesseln und Leitungen, von Maischpfannen, von Wasserleitungen als Schutz gegen Frostgefahr, an welcher die Kälteindustrie unmittelbar interessiert ist, hat sich zu einem ausgedehnten Fabrikationszweig der Firma entwickelt, worüber Näheres in den

Fig. 8 Korklager

künstlicher Kälte dienenden maschinellen Anlagen, für die Isolierung von Eiskellern jeder Art, für die verschieden gekühlten Lager- und Fabrikationsräume, wie sie in Brauereien, Schlachthöfen und in der Nahrungsmittelindustrie benötigt werden, sowie für Kühlhäuser und Lagerräume zur Konservierung leicht zersetzlicher Waren.

Spezialkatalogen über Wärmeschutz ausgeführt ist. Allein für die Kältetechnik werden jährlich viele 100 000 qm Korksteine fabriziert mit einem Personal von 75 Beamten und ca. 500 Arbeitern. Das Fabrikareal umfaßt ca. 50 000 qm Fläche und das Unternehmen ist das größte dieser Art in Europa.

C. B. König, Altona (Elbe)

Die nachstehenden Ausführungen behandeln einen Apparat, welcher gewissermaßen nur als Hilfsmittel der Kältetechnik anzusprechen ist, unter Umständen aber doch von der allergrößten Wichtigkeit werden kann. Gemeint sind die bekannten Atmungsapparate »Original König«, welche unbeschränktes Arbeiten in den giftigsten Ammoniakdämpfen usw. gestatten, so daß es dem Maschinisten mit Hilfe eines solchen Apparates möglich ist, etwaige Defekte an der Kompressoranlage ohne Zeitverlust zu beseitigen, bevor noch größere Betriebsstörungen dadurch verursacht werden. Die Atmungsapparate »Original König« basieren auf dem Prinzip der Luftzuführung von außen und repräsentieren dasjenige System, welches sich in den letzten 20 Jahren aufs beste bewährt hat. »Einfachste Handhabung, verbunden mit absoluter Brauchbarkeit«, lauten die Bedingungen, welche an einen für die Praxis wertvollen Atmungsapparat gestellt werden müssen und diese Forderungen sind bei dem Atmungsapparat »Original König« in vollendeter Weise erfüllt worden. Die obenstehende Figur zeigt einen solchen Atmungsapparat »Original König« mit Anschluß von zwei Rauchhelmen und verbesserter Sprecheinrichtung, welch letztere den ständigen Gesprächsaustausch zwischen dem Helmträger und dem draußen stehenden Bedienungsmann vermittelt. Gerade diese ständige Verbindung nach außen gewährt bei gefährlichen Situationen dem vordringenden Helmträger die nötige Ruhe zur Arbeit und der draußen stehenden Bedienungsmannschaft eine ständige Kontrolle über das Wohlbefinden des Helmträgers.

In gerechter Würdigung der großen Vorteile, welche diese Atmungsapparate bieten, sind die deutschen Berufsgenossenschaften, wie z. B. die Brauerei- und Mälzerei-Berufsgenossenschaft, die Berufsgenossenschaft der Nahrungsmittelindustrie usw., schon seit Jahren dazu übergegangen, in ihren revidierten Unfallverhütungsvorschriften den Betriebsunternehmern die Anschaffung eines brauchbaren Atmungsapparates zur Pflicht zu machen und es existiert im deutschen Vaterlande heute wohl kaum eine größere Kühlanlage, welche nicht einen derartigen Atmungsapparat in Bereitschaft hätte. Wer nämlich weiß, mit welcher heimtückischen Schnelligkeit die ausströmenden Ammoniakdämpfe das Leben eines Menschen zu vernichten imstande sind, der wird die diesbezügliche Vorschrift der Berufsgenossenschaft als unbedingt notwendig bezeichnen müssen. Aber auch das industrielle Ausland, nicht zuletzt die Vereinigten Staaten von Nordamerika, zählt seit Jahren zu den ständigen Abnehmern der Atmungsapparate »Original König«, lediglich im wohlverstandenen, eigenen Interesse und ohne durch spezielle Vorschriften gezwungen zu sein. Auch die großen Ozeandampfer mit ihren modernen Kühlanlagen führen, soweit sie unter deutscher Flagge fahren, einen oder zwei Atmungsapparate »König« ständig an Bord, dieselben gleichzeitig als Rauchhelm zur Bekämpfung von Bunkerbränden usw. benutzend, und auf den neuen Fleischtransportschiffen, welche den ständig steigenden Import des amerikanischen resp. australischen Gefrierfleisches besorgen, ist das Vorhandensein eines brauchbaren Atmungsapparates geradezu eine zwingende Notwendigkeit, will man sich nicht der Gefahr aussetzen, die ganze Ladung infolge Defektes an der Kühlanlage verderben lassen zu müssen.

Zum Schluß sei für Interessenten noch bemerkt, daß die Atmungsapparate »König« von der Firma C. B. König, Fabrik für Feuerwehrartikel in Altona (Elbe), seit vielen Jahren als Spezialität angefertigt werden, welche Firma für die Vereinigten Staaten von Nordamerika durch die Meyer Supply Company, 22 South First Street in St. Louis Mo. vertreten wird.

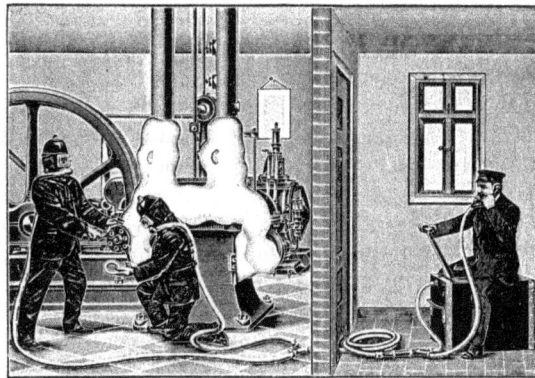

Fig. 1 Atmungsapparat »König« Nr. III mit Kastengebläse und verbesserter Sprecheinrichtung in Tätigkeit

Die Maschinenbau-Anstalt Humboldt, Köln-Kalk, und ihre Bedeutung in der Kälte-Industrie

Die Maschinenbauanstalt Humboldt, Köln-Kalk, entstammt der gegen Ende des Jahres 1856 gegründeten Firma »Maschinenfabrik für den Bergbau von Sievers & Co.«. Wie schon die Firmenbezeichnung andeutet, befaßte sich diese Firma hauptsächlich mit der Herstellung von Aufbereitungs- und Zerkleinerungsmaschinen für Erze und Kohle, sowie mit der Einrichtung ganzer Aufbereitungsanlagen. Dieser Spezialität verdankt auch die Maschinenbauanstalt Humboldt, welche infolge ihrer mustergültigen Ausführungen darin stets führend geblieben ist, nicht zum geringsten Teil ihren wohlbegründeten Weltruf. Eine ganz besondere Entwicklung hat das Werk unter der Leitung des jetzigen Generaldirektors, Herrn Bergrat Richard Zörner, genommen, und betrug die Produktion im Jahre 1911/12 etwa 60 860 000 kg, während der Umschlag in der gleichen Zeit etwa M. 24 888 000 ausmachte.

Außer der Abteilung, in welcher Bergwerksmaschinen aller Art, wie Wasserhaltungen, Pumpen, Bewetterungsanlagen, Kompressoren, komplette Erz- und Kohlenwäschen usw., gebaut werden, unterhält die Maschinenbauanstalt Humboldt u. a. auch eine bedeutende Abteilung für Lokomotivbau, aus welcher eine große Anzahl Lokomotiven für in- und ausländische Staats- und Privatbahnen hervorgegangen sind.

Die Zahl der Arbeiter und Beamten beläuft sich heute auf etwa 5000, das Grundkapital beträgt M. 20 100 000; außerdem besteht eine Obligationsanleihe von M. 10 000 000. Die Werkstätten mit Hofräumen belegen eine Grundfläche von 225 000 qm, wozu noch etwa 850 000 qm angrenzender Grundbesitz kommen. Sämtliche Fabrikräume sind durch Geleise miteinander und mit der Staatsbahn verbunden. Es sind über 350 Betriebsmotoren mit etwa 4500 PS, 22 Dampfkessel, 85 Laufkräne und über 1200 Arbeitsmaschinen in Betrieb.

Abgesehen von den vorstehend erwähnten Spezialitäten, gehört die Maschinenbauanstalt Humboldt zu den ersten Firmen Deutschlands, welche den Bau von Kältemaschinen in ihr Fabrikationsprogramm aufgenommen haben. Durch die Erwerbung des bekannten Fixary- Luftkühlverfahrens, welches System die Maschinenbauanstalt Humboldt erst für die Praxis durchgebildet und vervollkommnet hat, war es ihr bald möglich, auch auf diesem Gebiete, und speziell als Vertreterin des Kühlverfahrens mit sog. Trockenluftkühlern, führend zu wirken. Eine große Anzahl bedeutender Anlagen, welche von der Maschinenbauanstalt Humboldt ausgeführt wurden, sind in ersten Fachzeitschriften und Lehrbüchern beschrieben und als mustergültig und vorbildlich anerkannt worden. Nach Ablauf des Patentschutzes, durch welchen die Aus-

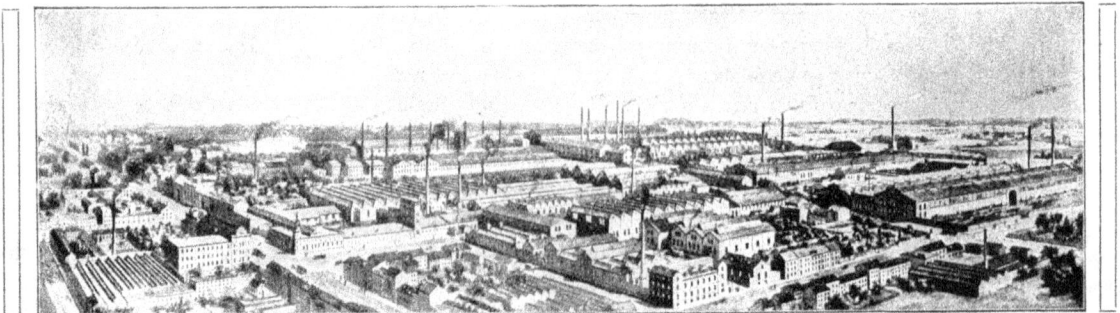

Fig. 1 Gesamtansicht des Werkes

führung des Trockenluftkühlers geschützt war, wird derselbe auch von anderen Firmen des In- und Auslandes nachgebaut.

Außerdem beweist noch eine große Anzahl ausgeführter Fleischkühlanlagen, speziell für städtische Schlachthöfe, Markthallen usw., daß das Trockenkühlverfahren, dessen eifrigste Verfechterin die Maschinenbauanstalt Humboldt stets war, für derartige Anlagen vorzüglich geeignet ist. Einige solcher Anlagen sind nahezu 30 Jahre in Betrieb, ohne daß besondere Reparaturen notwendig geworden wären, womit auch die vorzügliche Ausführung derselben erwiesen ist. Als Beispiele von Anlagen, welche noch mit den ersten Maschinen

Fig. 2 Maschinensaal im Schlachthof zu Stettin

und Apparaten ununterbrochen seit nahezu 30 Jahren arbeiten, seien hier nur erwähnt die Kühlanlagen auf den städtischen Schlachthöfen in Kattowitz, Krefeld, Freiburg i. Br., Elberfeld usw. Der Luftkühlapparat System Humboldt ist in fast allen Lehrbüchern aufgenommen worden, und darf dessen Ausführungsform als allgemein bekannt angesehen werden.

Schließlich sind auch eine Reihe von Anlagen, welche früher mit Naßluftkühlern gearbeitet hatten, durch die Maschinenbauanstalt Humboldt umgebaut worden, unter anderen die

Fig. 3 Maschinenhaus im Frankfurter Brauhaus in Frankfurt a. M.

Schlachthofkühlanlage in Bernburg und die Schlachthofkühlanlage in Stettin, deren Maschinensaal in nachstehender Abbildung veranschaulicht ist.

Als einige Beispiele von Anlagen, welche in neuerer Zeit zur Ausführung kamen, seien genannt: die Kühlanlagen auf den städtischen Schlachthöfen in Mülheim a. d. Ruhr, Hamborn i. W., Soest, Duderstadt. Die Zu-

friedenheit mit diesem System kommt schließlich noch darin zum Ausdruck, daß allein im Jahre 1911/12 ein weiterer Ausbau von früher gelieferten Anlagen für die städtischen Schlachthöfe in Altenessen, Eschweiler, Iserlohn, Siegen, Trier, Solingen, Düren, Schwelm i. W. und Witten vorgenommen wurde.

Die guten Erfolge mit der Ausführung von Fleischkühlanlagen nach dem Trockenluftkühlsystem waren aber nicht etwa Veranlassung, daß die Maschinenbauanstalt Humboldt nur einseitig dieses System vertreten hätte, sondern sie brachte auch häufig Kühlanlagen mit Naßluftkühlern zur Ausführung, von denen hier genannt seien als Ausführung älteren Datums die Schlachthofkühlanlage Oberhausen (Rheinland) und als Ausführung neueren Datums die Kühlanlage auf dem Schlachthof in Bremerhaven-Lehe.

Die meisten der eben angeführten Anlagen sind nach dem Ammoniakkompressionssystem erstellt, nach welchem System die Maschinenbauanstalt Humboldt ihre ersten Kältemaschinen gebaut hat. Aber auch in dieser Beziehung hat sie nie einen einseitigen Standpunkt vertreten, sondern hat auch Maschinen nach dem Kohlensäure- und Schwefligsäurekompressionssystem ausgeführt. Es arbeitet z. B. die Schlachthofkühlanlage in Oberhausen nach dem Schwefligsäuresystem mit Naßluftkühlung, während die Anlagen auf den städtischen Schlachthöfen in Arnsberg i. W. und Wanne nach dem Schwefligsäuresystem mit Trockenluftkühlung arbeiten. Die letztgenannte Anlage stellt wiederum eine Vergrößerung und den Umbau einer Naßluftkühlanlage dar. Bedeutende Anlagen nach dem Kohlensäurekompressionssystem wurden für den Schlachthof in Linz a. D. und den Grenzschlachthof in Burdujeni, welchen die rumänische Regierung baut, geliefert. Die Linzer Anlage hat früher nach dem Naßluftkühlverfahren gearbeitet, wurde aber vor einigen Jahren bedeutend vergrößert und für das Trockenluftkühlverfahren umgebaut.

Wenn bisher nur von Schlachthöfen die Rede war, darf nicht verabsäumt werden, darauf hinzuweisen, daß die Maschinenbauanstalt Humboldt auch in zahlreichen anderen Betrieben, wo Kälte Verwendung findet, Kühlmaschinen zur Aufstellung gebracht hat. So sei z. B. als neue bedeutende Brauereianlage das Frankfurter Brauhaus in Frankfurt a. M. erwähnt, dessen Kühlmaschinenanlage nach dem Ammoniakkompressionssystem arbeitet und deren Keller in drei Obergeschossen über der Erde angelegt sind und mittels direkter Ammoniakverdampfung gekühlt werden. Diese Anlage ist wohl eine der modernsten der in Deutschland bestehenden Brauereikühlanlagen, und zeigt die vorstehende Fig. 3 einen Teil des Maschinenhauses, wo die 250 PS - Tandemdampfmaschine, mit einem Ammoniakkompressor von 250 000 Kalorien stündlicher Leistung gekuppelt, im Betriebe ist. Ferner wurde auch für die Brauerei Königsberg e. G. m. b. H. in Königsberg i. Pr. eine Ammoniakkühlmaschinenanlage hergestellt. Die Keller in dieser Brauerei werden mittels Salzwasserzirkulation gekühlt, und ist im übrigen die Ausführung dieser Anlage in der für Brauereien allgemein üblichen Form erfolgt.

Große und bedeutende Kälteanlagen in Margarinefabriken wurden u. a. errichtet bei den Firmen:

    Duisburger Margarinewerke Schmitz & Loh in Duisburg;

    Amica-Margarinewerke Benedikt Klein in Köln a. Rhein;

    Delmenhorster Margarinewerke in Delmenhorst;

    van den Berghs Margarinewerke m. b. H. in Kleve.

Diese Anlagen arbeiten teils nach dem Schwefligsäure- und teils nach dem Ammoniakkompressionssystem.

Auch die chemische Industrie hat vielfach Humboldt-Kältemaschinen in Betrieb, und seien auch die folgenden Anlagen in der Kunstseideindustrie noch besonders genannt:

Fig. 4   Kältemaschinenanlage im Kühlhaus von E. & J. Mayer, Frankfurt a. M.

    Soc. An. Française; La Soie Articelle, Givet;

    Vereinigte Glanzstoffabriken in Oberbruch;

    Rheinische Kunstseidefabrik in Aachen;

    Hollandsche Kunstzijdefabrik in Arnheim (Holland).

Neben einer großen Reihe von Anlagen für die verschiedensten Zwecke, wie Kühlhäuser für Lebensmittel aller Art, Molkereien, Krankenhäuser, Restaurants, Theater usw., seien schließlich als besonders bedeutend die von der Maschinenbauanstalt Humboldt ausgeführten Kühlanlagen für Schachtabteufung hier genannt:

    Gewerkschaft Gute Hoffnung in Niederbruck i. Els.;

    Alkaliwerk Ronnenberg in Hannover;

    Haniel & Lueg in Düsseldorf-Grafenberg.

Den in Deutschland ausgeführten Maschinen stellen sich große und bedeutende Anlagen, welche die Maschinenbauanstalt Humboldt im Auslande hergestellt hat, zur Seite. Es seien hier zunächst nur einige Anlagen in Österreich-Ungarn genannt, die in letzter Zeit ausgeführt wurden:

    Brauerei Grieskirchener G. m. b. H. in Grieskirchen (Ammoniaksystem);

    Wild- und Geflügelgroßhandlung Ignaz Schneiders Nachf., Bünauburg (Ammoniaksystem);

    Österreich. Exportgesellschaft Opitz, Wagner & Co., Wels (Kohlensäuresystem);

    Städtischer Schlachthof in Linz a. D. (Kohlensäuresystem);

    Elisabeth-Eisfabrik Weiß & Co. in Budapest (Ammoniaksystem);

    Hotel Imperial in Karlsbad (Schwefligsäuresystem);

Einige nach Frankreich gelieferte Anlagen sind:

    Brauerei St. Nicolas in St. Nicolas du Port (Ammoniaksystem);

    Brauerei l'Union in Conflans-Jarny (Ammoniaksystem);

    Grande Brasserie de Lambezellec in Lambezellec (Ammoniaksystem);

    Brasseries et Malteries »Alsacienne« in Angoulême (Ammoniaksystem);

    Fabrique de Chocolats Fins, Nancy.

Außerdem wurden nach dem Auslande allein in den Jahren 1911/12 Kühlanlagen geliefert nach Rumänien,

Serbien, Spanien, Italien, Belgien sowie für Übersee speziell nach Argentinien.

Nach Rußland wurden Anlagen geliefert für die städtischen Schlachthöfe in Taschkent, Taganrog, Riga, Bialystok Markthalle Liebau, sowie Anlagen für Private nach Dorpat, St. Petersburg und andere. Nicht vergessen sei die Anlage für das größte Kühlhaus Europas, welches momentan von der Aktiengesellschaft St. Petersburger Warenlager in St. Petersburg errichtet wird. Für dieses Kühlhaus liefert die Maschinenbauanstalt Humboldt die komplette innere maschinelle Einrichtung, wozu u. a. gehören, zwei Steilrohrkessel mit 180 qm Heizfläche, drei komplette Dampfmaschinen mit je 350 PS Leistung und drei Ammoniakdoppelkompressoren von je 600 000, also insgesamt 1 800 000 Kalorien stündlicher Leistung.

Der Vollständigkeit halber seien schließlich noch die Maschinen erwähnt, welche von der Maschinenbauanstalt Humboldt für Kriegsschiffe, Fischdampfer und für Eisenbahnwaggons geliefert werden, welche im Gegensatz zu den vorstehend angeführten feststehenden Anlagen als transportable Kühlanlagen anzusehen und sowohl nach

Fig. 5 Dreistufiger Hochdruck-Kompressor der Maschinenbau-Anstalt Humboldt für eine Ansaugeleistung von 100 cbm pro Stunde und einen Enddruck von 200 Atm.

dem Ammoniak- als auch nach dem Schwefligsäure- und Kohlensäurekompressionssystem zur Ausführung gekommen sind. Zur Erzielung tiefer Temperaturen bis 45° und 50° Kälte werden Kohlensäure-Maschinen gebaut, die mit zweistufiger Kompression und Kondensation arbeiten, und werden solche Anlagen unter anderen auch für Schachtgefrier-Einrichtungen angeboten. Noch tiefere Temperaturen werden benötigt und erzeugt bei der Gasverflüssigung z. B. von Luft bis —194°, Wasserstoff bis —253° und die Maschinenbau-Anstalt Humboldt baut sowohl Luft- als auch Wasserstoffverflüssigungsanlagen. Zur Zerlegung von Gasgemischen in ihre Bestandteile wie z. B. von Wassergas zwecks Gewinnung von Wasserstoff werden Apparate nach eigenem Patent ausgeführt.

Wenn es auch nicht möglich ist, mit dieser kurzen Beschreibung die Beziehungen der Maschinenbauanstalt Humboldt zum Kältemaschinenbau eingehend nachzuweisen, so dürfte sie doch geeignet sein, einen ungefähren Überblick über die Bedeutung zu geben, welche die Maschinenbau-Anstalt Humboldt in der Kälte-Industrie einnimmt.

Maschinenfabrik Eßlingen, Eßlingen

Die Maschinenfabrik Eßlingen wurde im Jahre 1846 gegründet; ihr schloß sich im Jahre 1902 die seit 1852 in Stuttgart-Berg bestehende Maschinenfabrik G. Kuhn, G. m. b. H., an. Beide Firmen befassen sich

wurde vor kurzem in einer Stuttgarter Großbrauerei dem Betrieb übergeben.

Der maschinelle Teil der Anlage besteht in einer Heiß-dampftandemmaschine, die mit einem schnellaufenden

Fig. 1 Maschinenraum

seit über 25 Jahren mit bestem Erfolge mit dem Bau von Kälteanlagen für die verschiedenartigsten Verwendungsgebiete.

Eine der neueren, von der Maschinenfabrik Eßlingen, Abteilung G. Kuhn, ausgeführten Kälteerzeugungsanlagen

Ammoniakdoppelkompressor zusammengebaut ist und gleichzeitig einen Teil ihrer Kraft an eine auf der Kurbelwelle selbst sitzende 250 KW-Gleichstromdynamo abgibt, die die ganze Brauerei mit Kraft und Licht versieht (Fig. 1).

Der Doppelkompressor leistet bei 125 Umdrehungen in der Minute 800 000 WE; bemerkenswert ist die Anordnung der Ventile D. R. P., die am Umfang der Zylinderdeckel in der Weise untergebracht sind, daß immer ein Saug- und ein Druckventil abwechseln. Der vordere Zylinderdeckel ist mit der geschlossenen Geradführung fest verbunden, der Rahmen selbst analog dem der Dampfmaschine als Gabelbalken ausgeführt. Er zeichnet sich, wie überhaupt das ganze Aggregat, durch gefällige, kräftige Bauform aus.

Mit der Anlage werden täglich ca. 80 000 kg Eis in 25 kg-Blöcken erzeugt; außerdem dient sie zur Abkühlung des für die Brauerei erforderlichen Süßwassers

Fig. 2 Berieselungskondensator

und zur Kühlung sämtlicher Gär- und Lagerkeller. Die Kondensierung der überhitzten Ammoniakgase geschieht in einem unter dem Dach in 40 m Höhe über dem Maschinenhausfußboden errichteten Berieselungskondensator (Fig. 2). Diese Anordnung war durch die äußerst beschränkten Raumverhältnisse bedingt (die ganze Brauerei liegt in dicht bebautem Wohngebiet). Die unter dem

meßinstrumente und anderseits die Regelung der Licht- und Kraftanlage je von einer im Maschinenhaus befindlichen Zentralstation aus erfolgt. Die Regulierstation der Kälteanlage (Fig. 3) ist so angeordnet, daß je ein Fernthermometer über dem zugehörigen Regulierventil angeordnet ist. Dieses Fernthermometer steht wiederum mit einer Registriervorrichtung in Verbindung, die eine sachgemäße und sorgfältige Bedienung der Anlage erzwingt. Auf der gleichen, in Marmor gehaltenen Schalttafel befindet sich ein Doppelregistrierapparat für die Messung der Dampftemperatur und des Dampfdruckes. Die elektrische Schalttafel ist in Fig. 4 dargestellt.

Die Dampfmaschine ist mit einer Reguliervorrichtung zur Entnahme von Zwischendampf ausgestattet und kann bei ihrer normalen Belastung stündlich bis zu 3000 kg Dampf von ca. 2 Atm. abgeben. Dieser Dampf wird nach Entölung zu Kochzwecken im Sudhaus und außerdem zum Heizen der Dampfdarren nutzbar gemacht. Der Abdampf der Maschine fließt zunächst zur Erzeugung warmen

Fig. 3 Regulierstation

Fig. 4 Schalttafel

Kondensator befindliche Wasserschale besitzt eine Grundfläche von 200 qm und ist in Eisenbeton ausgeführt.

Großer Wert wurde auf übersichtliche und einfache Bedienung gelegt. Diese Bedingung wurde dadurch erfüllt, daß einerseits sämtliche Regulierventile und Temperatur-

Wassers durch Gegenstromvorwärmer, während der restliche Teil in einer Einspritzkondensationsanlage niedergeschlagen wird.

Der in Fig. 5 dargestellte Doppelkompressor wurde an eine der bedeutendsten chem. Fabriken geliefert. Er ist mit einer Gleichstromdampfmaschine zusammengebaut und leistet bei 115 Umdrehungen pro Minute 800 000 WE. Hier sind die Ventile am Umfang der Zylinder selbst an-

als Sicherheitsventil dient. Eine Umgangsleitung ermöglicht das Absaugen der Apparate, ohne daß ein Umwechseln der Arbeitsventile notwendig wäre.

Fig. 5 Ammoniak-Doppelkompressor

Fig. 6 Berieselungskondensation

geordnet, und zwar die Saugventile auf der einen, die Druckventile auf der gegenüberliegenden Seite des Umfanges. Zur Erleichterung des Anlaufens dient ein in der Mitte des Zylindermantels befindliches Hilfsventil, das Saug- und Druckseite miteinander verbindet und zugleich

Der zugehörige Berieselungskondensator ist in Fig. 6 abgebildet.

Die Anlage dient außer zur Eisbereitung zur Kühlung von Lauge, die zu den mannigfaltigsten Zwecken nutzbar gemacht wird.

Maschinenfabrik Germania vorm. J. S. Schwalbe & Sohn, Chemnitz

Die Maschinenfabrik Germania vorm. J. S. Schwalbe & Sohn in Chemnitz hat als älteste Spezialfabrik Deutschlands für den Bau und die Einrichtung vollständiger Brauereien und Mälzereien vor drei Jahrzehnten schon die Herstellung von Eis- und Kühlmaschinenanlagen aufgenommen und zu solcher Vollkommenheit ausgebildet, daß dieser Fabrikationszweig heute zu ihrer vornehmsten Spezialität zählt.

Die Germaniamaschinen mit allem Zubehör, Dampfkraftanlagen usw., in eigenen Werkstätten hergestellt, dienen den verschiedensten Kältezwecken und sind für viele Industrien und Gewerbe heute schon unentbehrlich geworden.

Abgesehen von kleineren Anlagen für Cafés, Restaurants und den Hausgebrauch, arbeiten die Germaniakältemaschinen in einer stattlichen Anzahl öffentlicher Schlacht-

häuser, ebenso in Markthallen zur Konservierung der Lebensmittel. Hier sind u. a. zu nennen die großen Markthallen (Mercado de Abasto Proveedor) in Buenos Aires, deren zu immer größerem Umfange sich ausdehnende Kühlhallen die Maschinenfabrik Germania eingerichtet und weiter ausgebaut hat.

Fig. 1 NH₃-Doppelkompressor für 500000 Kalorien Stundenleistung

In Molkereien, Margarinefabriken, chemischen und Zuckerfabriken, in Krankenhäusern, Anatomien und Leichenschauhäusern, in Eisfabriken, z. B. in Batavia auf Java, selbst in Bergwerken zur Schachtausfrierung, um die schwimmenden Gebirge zu überwinden, finden die Germaniakältemaschinen Verwendung. Der größten Verbreitung erfreuen sie sich aber in den Brauereien mit ihrem vielfachen Kältebedarf für Eiserzeugung sowie Wasser- und Luftkühlung. Der Bau von Brauereien in den heißen Ländern, in den subtropischen Gegenden ist erst in

Verbindung mit den K ü h l maschinen möglich geworden, welche durch ihre Kälteleistung die für den dortigen Brauereibetrieb unerläßlichen Vorbedingungen geschaffen haben. Zahl reiche Brauereien sowohl im Inlande wie im Auslande, namentlich in überseeischen Ländern, in Südamerika, Japan, China, auch in nordischen Gebieten, in Skandinavien, sogar in Sibirien, sind mit Germaniakühlmaschinen versehen, die durch ihre jeden Einzelfall berücksichtigende Anordnung in der Regelung des Gärprozesses und der Kühl- und Trockenhaltung der Keller einen bequemeren und sichereren Betrieb gewährleisten, als dies mit Natureis möglich wäre.

kondensation entwickelt bei 100 Umdr. i. d. Min., 11 Atm. Betriebsdruck und 300° C Dampftemperatur 300 PSe und ist gekuppelt mit einem Ammoniakdoppelkompressor von 500 000 Kalorien stündlicher Leistung, bei — 5° C Soletemperatur gemessen, und mit einem Drehstromgenerator von 195 KVA. (Siehe voranstehende Abbildung.)

Die Kälteleistung wird verwendet zur Gewinnung von täglich 25 000 kg Eis, zur Kühlung sämtlicher Gär-, Lager- und Abfüllkeller sowie der Hopfenlagerräume von zusammen etwa 4700 qm Grundfläche, zur Kühlung von täglich 700 hl Würze und der Gärbottiche mittels gekühlten Süßwassers. Zur ergiebigen Ausnutzung des

Fig. 2 NH₃-Doppelkompressor für 1 000 000 Kalorien Stundenleistung

Die Germaniakältemaschinen sind unter Benutzung aller im praktischen Betriebe gesammelten Erfahrungen beständig verbessert und vervollkommnet worden und weisen viele wertvolle Einzelkonstruktionen auf. Dank ihrer durch neuere Versuche immer wieder nachgewiesenen hohen Leistungsfähigkeit finden sie wohlverdiente Anerkennung und sind in mehreren Tausenden von Anlagen über alle Erdteile verbreitet.

Von den in jüngster Zeit von der M a s c h i n e n f a b r i k   G e r m a n i a ausgeführten Brauereikühlanlagen, die nach Umfang wie Anordnung bemerkenswert sind, sei u. a. verwiesen auf die

D o r t m u n d e r   H a n s a - B r a u e r e i   A.-G. in D o r t m u n d. Die Compounddampfmaschine mit gegenüberliegenden Zylindern, Ventilsteuerung und Strahl-

Maschinenabdampfes ist zwischen Niederdruckzylinder und Kondensation eine Vorwärmeranlage eingeschaltet, die das für die Brauerei erforderliche Wasser auf etwa 55° C vorwärmt.

F a b r i c a   d e   B e r e   B r a g a d i r u, S. A. in B u k a r e s t. Der oben dargestellte Ammoniakdoppelkompressor besitzt eine stündliche Leistung von 1 Mill. Kalorien, gemessen bei — 5° C Soletemperatur, und wird durch einen 400 pferdigen Drehstromelektromotor mittels Riemens und Lenix-Spannrolle angetrieben.

Die erzeugte Kälte dient zur Eisfabrikation und Kühlung sämtlicher Gär-, Lager- und Abfüllkeller, der Hopfenlagerräume und zur Bereitung des für Würze und Bottichkühlung erforderlichen kalten Süßwassers.

Maschinenfabrik C. G. Haubold jr., G. m. b. H., Chemnitz

Die Firma beschäftigt ca. 1000 Beamte und Arbeiter und besteht seit dem Jahre 1837. Die Fabrik baut Eis- und Kälteerzeugungsmaschinen und als weitere Spezialität: Maschinen für die Bleicherei, Färberei, Appretur und Druckerei, Kalander, Schneidemaschinen usw. für die Papier- und Gummifabrikation, Zentrifugen für die verschiedensten Verwendungszwecke. In ersterer Branche, welche vorgenannte Firma im Jahre 1893 aufnahm, wurden bisher ca. 1200 Kühl- und Eiserzeugungsanlagen für Gewerbezwecke usw. und ca. 120 Kühlanlagen für Schiffe, d. h. für die Handels- und Kriegsmarine, hergestellt. Kleinste Anlage ca. 1500 WE/Std., größte Anlage ca. 350 000 WE/Std. Bis 1908 wurden lediglich Anlagen nach dem CO_2-Kompressionssystem hergestellt, seitdem wurde aber auch erfolgreich der Bau von Anlagen nach dem NH_3-Kompressionssystem aufgenommen.

Unter den vorgenannten 1200 Anlagen befinden sich ca. 400 Anlagen für deutsche und fremdländische Schokoladefabriken, für welche Branche die Firma Haubold als Spezialistin gilt. Während früher die Kühlung der Schokoladeformen und Pralinées durch Aufsetzen derselben auf die Verdampferrohre erfolgte, welche zu Regalen ausgebildet waren, und welches Verfahren heute nur noch für spezielle Zwecke in dieser Branche in Frage kommt, so geschieht heute die Schokoladeabkühlung in Tafel- oder Pralinéeform usw. in Kühlschränken mit Luftumlauf durch

Fig. 1

Trockenluftkühler, welche jeweilig im betreffenden Schranke angeordnet sind. In neuerer Zeit werden, um Arbeitskräfte durch Transporte zu vermeiden, sog. automatische Kühlschränke für größere Leistungen bei ein- und derselben Qualität und Form pro Tag gebaut, bei denen Transport und Kühlung gleichzeitig erfolgt.

Nachstehend folgt ein Beispiel aus der Zahl der, von der vorstehenden Firma für den Norddeutschen Lloyd, die Hamburg-Amerika-Linie, die Hamburg-Südamerikanische Dampfschifffahrtsgesellschaft usw. ausgeführten Anlagen, und zwar von 2 S.S. Ypiranga der Hamburg-Amerika-Linie, welches Schiff einmal für Kursfahrten Hamburg—Brasilien, das andere Mal für Vergnügungsfahrten verwendet wird. Das Schiff erhielt eine Anlage nach dem CO_2-Kompressionsverfahren mit Salzwasserkühlung, welches vom Salzwasserkühler, im Hauptmaschinenraum befindlich, nach den Kühlräumen bzw. -schränken gefördert wird. Die Anlage besteht aus zwei vertikalen Schiffskühlmaschinen, jede Maschine mit Kompressor von 60 mm Zylinderdurchmesser und 250 mm Hub und Dampfmaschine von 200 mm Zylinderdurchmesser, 200 mm Hub und ca. 120 Umdrehungen pro Minute (vgl. Fig. 2), sowie zwei Salzdampfduplexpumpen von 80 · 96 · 100 mm (ein Stück als Reserve) und einer Kühlwasserdampfduplexpumpe von 134 · 152 · 152 mm. Aufstellung

5*

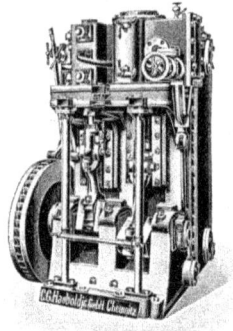

Fig. 2
Schiffskältemaschine

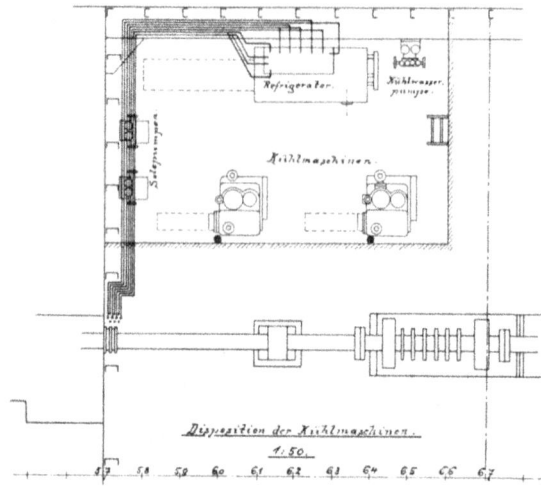

Disposition der Kühlmaschinen.
1:50.

Fig. 3

Leitungsplan zur Kühlanlage

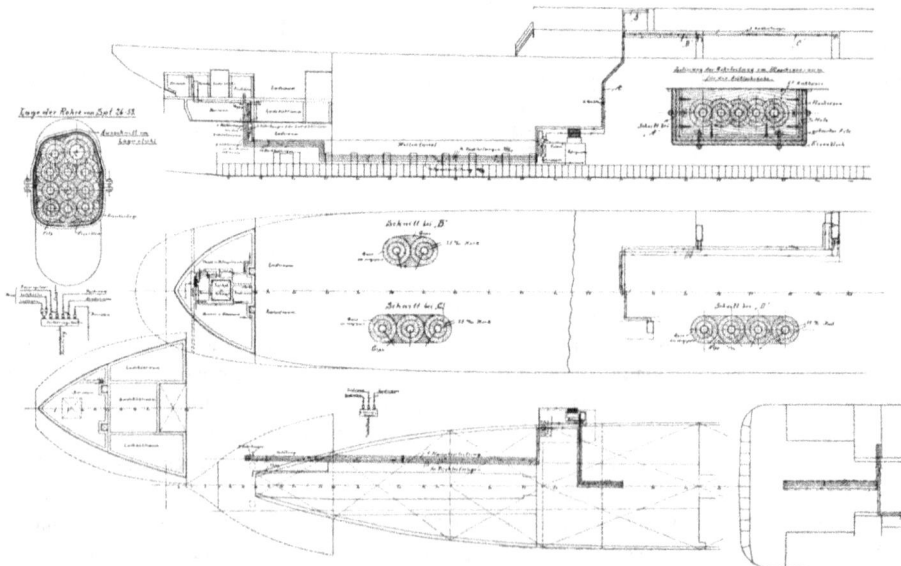

Fig. 4

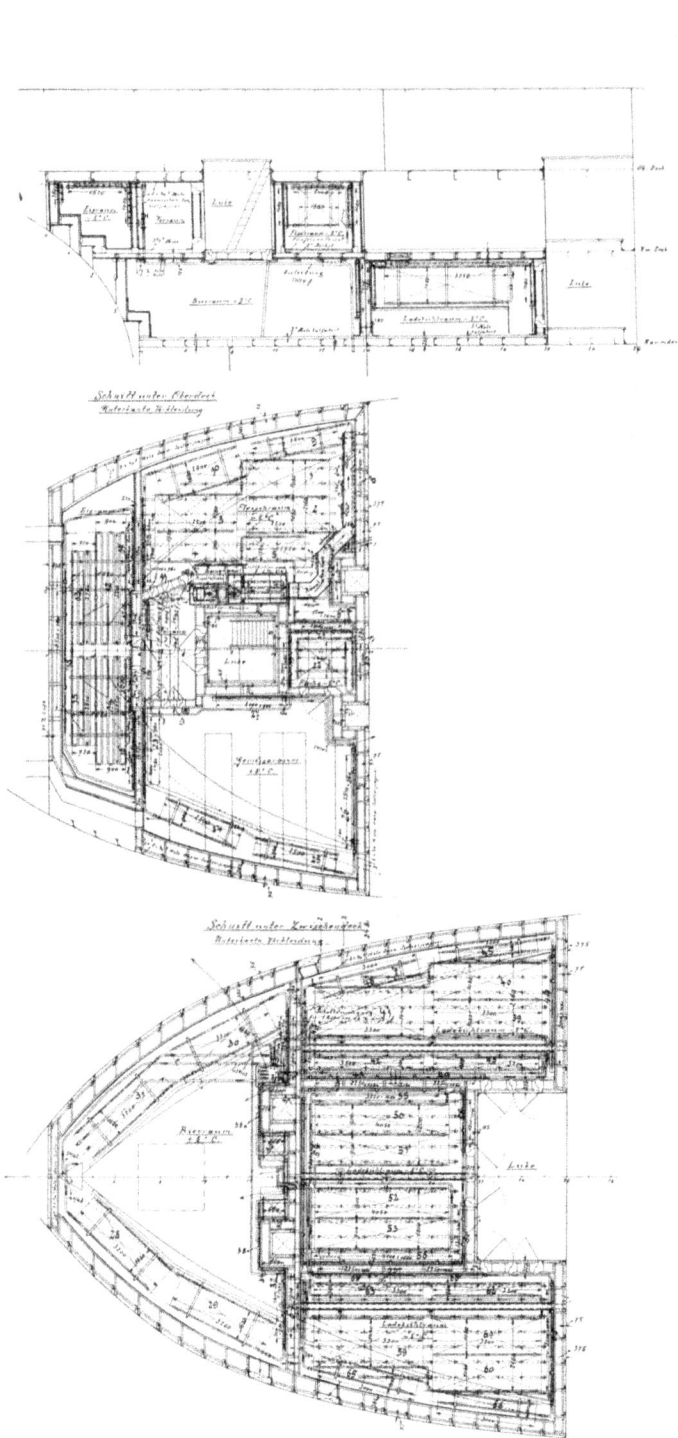

Fig. 5

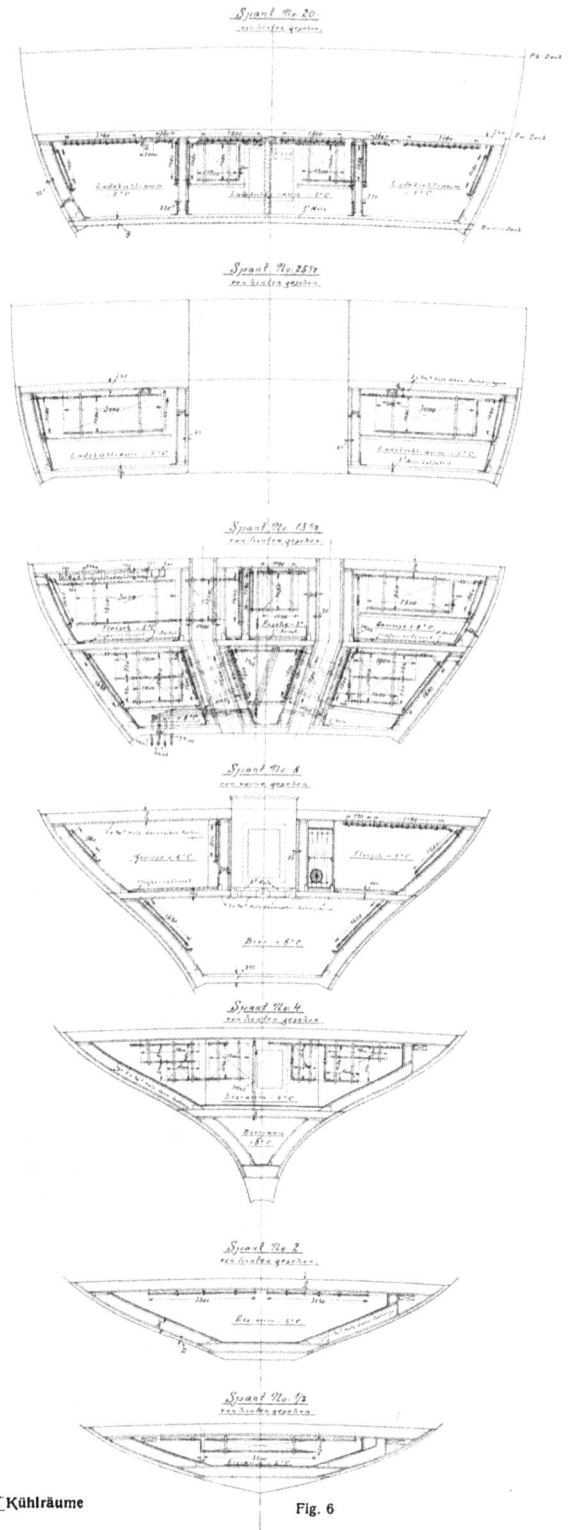

Fig. 6

Plan für die Berohrung der Kühlräume

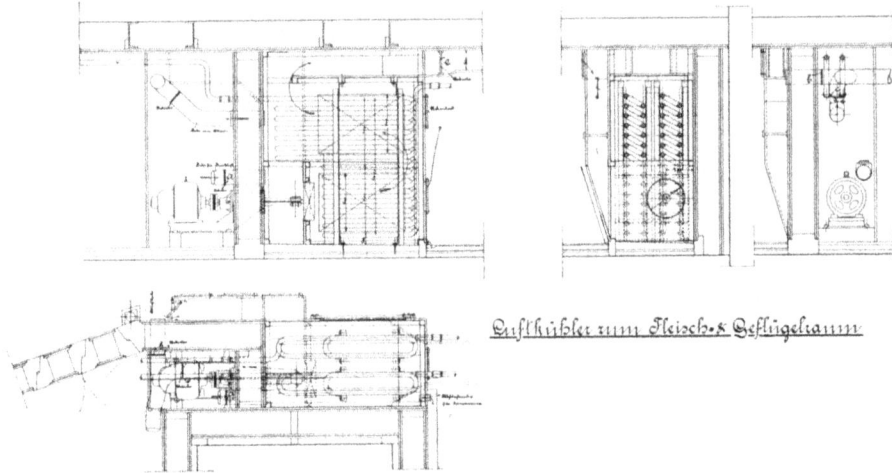

Luftkühler zum Fleisch- & Geflügelraum

Schema der Kohlensäureleitungen

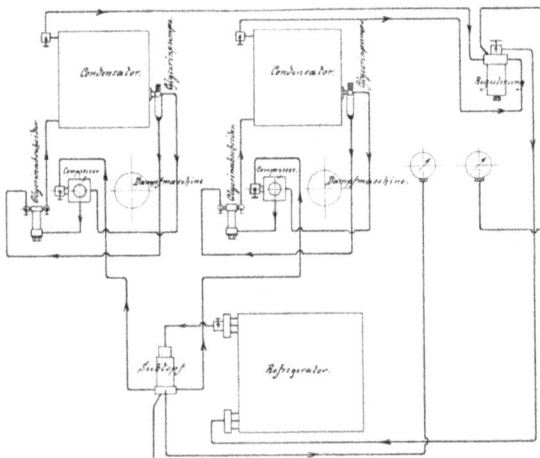

Fig. 8

Schema der Soleleitung

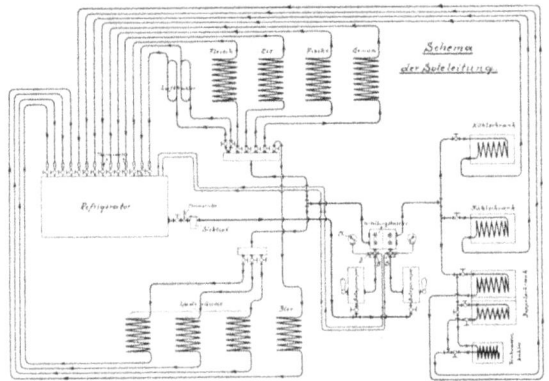

Fig. 9

der Maschinen und Pumpen gemäß Fig. 3 und Lage der Kühlräume im Schiffe nach Fig. 4, woraus Größe der Räume und Bestimmung derselben ersichtlich ist. Außer den Räumen werden verschiedene Schränke und ein Trinkwasserkühler mit Kühlung versehen. Fig. 5 und 6 zeigen den speziellen Plan der Berohrung der Kühlräume und Fig. 7 den Luftkühler für den Fleischraum. Details der Isolierungen der Salzwasserzu- und -rückführungsleitungen durch den Wellentunnel und der Zu- und Rückleitungen nach den Schränken zeigt ebenfalls Fig. 4. Fig. 8 gibt ein Schema der CO_2-Rohrleitungen und Fig. 9 ein Schema der Salzwasserleitungen, nach welchen die Anlage an Bord von 2 S.S. Ypiranga ausgeführt wurde. Die Anlage erfüllt die an sie gestellten Forderungen vollkommen.

Anlagen gleichen und auch größeren Stils wurden von vorgenannter Firma z. B. geliefert für:

2 S.S. »Corcovado« = Schwesterschiff zu »Ypiranga«,

2 S.S. »Kaiserin Auguste Viktoria«,

2 S.S. »König Friedrich August«, »König Wilhelm II.«;

für die Schnelldampfer:

»Kaiser Wilhelm II.« und

»Kronprinzessin Cäcilie«,

sowie für die Postdampfer:

»Kronprinzessin Cäcilie«,

»Prinz Friedrich Wilhelm« usw.

Wegelin & Hübner nebst Abteilung Vaaß & Littmann, Maschinenfabrik und Eisengießerei A.-G., Halle a. S.

Die Firma wurde am 1. April 1869 von den Ingenieuren Albert Wegelin und Ernst Hübner in sehr bescheidenem Umfange, jedoch mit der ausgesprochenen Absicht begründet, möglichst nur Spezialitäten herzustellen, um auf diese Weise ihre Artikel in vollkommener Konstruktion und Ausführung dem Weltmarkte zuzuführen. Ausgerüstet mit der erforderlichen Sachkenntnis und langjährigen Erfahrungen, befaßten sich die Inhaber der jungen Firma zunächst mit dem Bau von Filterpressen, Dampfpumpen, Luftpumpen und Dampfmaschinen und hatten die Genugtuung, schon nach Jahresfrist festzustellen, daß ihren Anstrengungen der Erfolg nicht fehlte. Die Betriebseinrichtungen reichten bei weitem nicht aus, die eingehenden Bestellungen zu bewältigen, und so machte sich das Bedürfnis zum Bau einer wesentlich vergrößerten Maschinenfabrik unabweisbar geltend. Dieselbe konnte bereits am 1. März 1872 bezogen werden, immerhin erst mit etwa 100 Arbeitern. In diese Zeit fällt die Erwerbung des Patentes des Hollefreundschen Maischverzuckerungsverfahrens; in dem kurzen Zeitraum von zwei Jahren konnte die Firma das damals so epochemachende Verfahren in über 80 Spiritus-

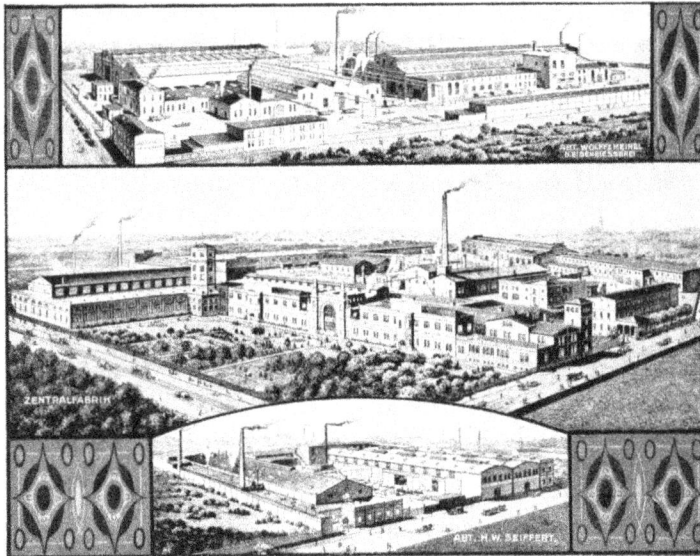

brennereien einführen bzw. die dazu erforderlichen Maschinen und Apparate sowie sonstigen Betriebseinrichtungen liefern. Daß trotzdem der Konstruktion und dem Bau der oben erwähnten Hauptspezialitäten nach wie vor ganz besondere Aufmerksamkeit gewidmet wurde, bedarf keiner besonderen Erwähnung.

Inzwischen war auch der Bau einer Eisengießerei vollendet, die am 21. Juni 1873 dem Betriebe übergeben wurde. Die Zahl der damals beschäftigten Arbeiter belief sich auf etwa 150 Mann. Obschon nun bald darauf die Konjunktur für die gesamte Eisen- und Maschinenindustrie Deutschlands eine sehr schwierige wurde, so hemmte dies die ruhige und stete Weiterentwicklung des Werkes durchaus nicht, denn in richtiger Würdigung der Verhältnisse waren die Inhaber nun bestrebt, mehr und mehr den Weltmarkt zu gewinnen. Inwieweit dies gelang, zeigt der Umstand, daß bereits Ende der 80er Jahre 36 bis 40% der gesamten Produktion nach den verschiedenen Auslandsstaaten ausgeführt werden konnten. Gegen Ende des Jahres 1886 schied der Mitbegründer Albert Wegelin infolge schwerer Erkrankung aus dem Geschäft; sein Teilhaber Ernst Hübner führte dasselbe allein weiter, und dank des fortgesetzten Bestrebens, auf Grund gewonnener Betriebserfahrungen die Maschinen ständig zu verbessern, nahm das Unternehmen bald derartig an Ausdehnung zu, daß es über 500 Beamte und Arbeiter beschäftigen konnte. Es versteht sich von selbst, daß die Fabrik hinsichtlich der technischen Hilfsmittel und der Ausrüstung mit den besten Werkzeugmaschinen fortdauernd auf der Höhe gehalten wurde. Am 24. Juni 1899 wandelte der inzwischen zum Geheimen Kommerzienrat ernannte Inhaber Ernst Hübner das Geschäft in eine Aktiengesellschaft mit einem Aktienkapital von M. 2 500 000 um und verkaufte sie im Oktober desselben Jahres an die Hallesche Union Aktiengesellschaft, mit deren drei Abteilungen, den Maschinenfabriken Vaaß & Littmann und Wolff & Meinel sowie der Kesselfabrik und Apparatebauanstalt H. W. Seiffert die Firma Wegelin & Hübner im Jahre 1901 fusioniert wurde. Infolge dieser Fusion erfuhr das Aktienkapital der Wegelin-Hübner-Aktiengesellschaft eine Erhöhung auf M. 3 850 000, während sich die Zahl der nunmehr beschäftigten Personen auf ungefähr 850 im ganzen erhöhte. Bis zu seinem am 22. November 1905 erfolgten Tode stand der Mitbegründer Ernst Hübner als Aufsichtsratvorsitzender der Aktiengesellschaft in nahen Beziehungen zu seinem Lebenswerke.

War es der Firma auf der einen Seite möglich, in ihren ursprünglichen Spezialfabriken außergewöhnliche Umsätze zu erzielen, so daß bis jetzt ca. 4000 Dampfmaschinen, über 8000 Luftpumpen und Kompressoren, ebenso viele Filterpressen, ca. 2000 komplette Eis- und Kühlmaschinen und über 18 000 Pumpen der verschiedensten Ausführung nach allen Teilen der Welt geliefert wurden, so gelang es andererseits, in der weitverzweigten chemischen Industrie immer festeren Fuß zu fassen. Tatsächlich gehört die Firma Wegelin & Hübner schon seit Jahren zu den führenden Maschinen- und Apparatefabriken für die chemische Industrie, und auch auf dem Gebiet der inländischen und überseeischen Zuckerindustrie besitzt sie schon lange Zeit Weltruf. So gibt es wohl kein Gebiet der chemischen Industrie, auf welchem die Firma nicht reiche Erfahrungen besitzt, die es ihr ermöglichen, die für den Spezialfall geeignete Apparatur vorzuschlagen und in mustergültiger Weise auszuführen. Unterstützt wird sie dabei durch eine vor mehreren Jahren eingerichtete, mit den modernsten Hilfsmitteln und den verschiedensten Apparaten in Normalgröße ausgerüstete Versuchsanstalt, in der die eigenen Chemiker-Ingenieure zwecks Bestimmung der geeigneten Apparatur Versuche in großem Stil vornehmen, die aber auch bereitwilligst den chemischen Fabriken zur Verfügung gestellt wird, die Wert darauf legen, Versuche durch ihre Beamten ausführen zu lassen.

Von den in Deutschland den Kältemaschinenbau betreibenden Fabriken ist die Firma Vaaß & Littmann die älteste. Sie wurde im Jahre 1868 gegründet für den Bau von Eismaschinen nach dem Absorptionssystem nach Carré. Der Fachmann der Firma, Littmann, hatte zusammen mit Kropf, welcher schon vor Littmann in Nordhausen eine Fabrik gründete, in Paris in einer Maschinenfabrik gearbeitet und dort die Absorptionsmaschinen kennen gelernt. Vaaß & Littmann lieferten im Jahre 1869 die erste Absorptionseismaschine mit einer stündlichen Leistung von 100 kg; in diesem Jahre wurden im ganzen drei Eismaschinen geliefert, die sämtlich nach dem Ausland kamen, wie überhaupt das Ausland in den ersten Jahren der Hauptabnehmer für die erzeugten Eismaschinen war. Im Jahre 1873 begann die Lieferung der Maschinen für Brauereien, in der Hauptsache aber für Eisfabrikation zur Lieferung von Eis an die Kundschaft. Das mit diesen Maschinen erzeugte Eis erfreute sich wegen seiner Klarheit großer Anerkennung, da es aus dem Kondensat des Heizdampfes im Ammoniakkessel gewonnen war und zwecks vollständiger Entlüftung nochmals durch direkten Dampf aufgekocht wurde. Ende der 70 er Jahre wurden diese Maschinen dann auch in der bis jetzt noch üblichen Weise für die Kellerkühlung nutzbar gemacht. Eine sehr große Anzahl deutscher Brauereien hatte lange Jahre die Absorptionsmaschinen von Vaaß & Littmann mit Beheizung durch direkten Kesseldampf in Gebrauch, welche später aber den wirtschaftlicher arbeitenden Kompressionskühlmaschinen weichen mußten. In den letzten Jahren beginnt aber die Absorptionsmaschine gerade in den Brauereien wieder Fuß zu fassen bei Betrieb der Maschine durch Abdampf, und es sind größere Maschinen für Kühl- und Eiserzeugungszwecke von dieser Firma geliefert worden.

Im Jahre 1890 begann die Firma Vaaß & Littmann mit dem Bau von Kohlensäure-Kompressionskältemaschinen und 1895 mit dem Bau von Ammoniak-Kompressionskühlmaschinen. Die Firma war so in der Lage, sich den wechselnden Bedürfnissen der Praxis durch die Wahl des einen oder anderen Systems anpassen zu können, und hat bis zu der im Jahre 1901 erfolgten Fusion mit der Firma Wegelin & Hübner ca. 700 Eis- und Kältemaschinenanlagen geliefert.

Was speziell den Kältemaschinenbau der Firma Wegelin & Hübner betrifft, so lieferte diese Firma im Jahre 1886 die erste Absorptionsmaschine, begann aber dann verhältnismäßig bald den Bau von Kompressionsmaschinen nach dem Ammoniak- und nach dem Kohlensäuresystem und beteiligte sich lebhaft an dem Wettbewerb um die Erlangung von Aufträgen für Schlachthofkühlanlagen, deren sie eine sehr große Anzahl ausführte. Dank ihrer engen Berührung mit der chemischen Großindustrie hat die Firma Wegelin & Hübner auch den Bau von Kältemaschinenanlagen für die chemische Technik pflegen können. Führend wurde die Firma im Bau von Paraffinkühlanlagen, da sie mitten im Revier der Sächsisch-Thüringischen Braunkohlenindustrie liegt. Sie hat aber Anlagen dieser Art auch in größerer Anzahl nach dem Auslande, namentlich nach Galizien, geliefert.

Im Bau von Kohlensäurekältemaschinen verfolgt die Firma von Anfang an den Grundsatz, für die unter Kohlensäuredruck stehenden Konstruktionsteile nur das beste Material zu verwenden, um Unglücksfälle und Betriebsstörungen durch Bruch oder Explosion überhaupt auszuschließen. Die Zylinder, Anschlußstücke, Ventile, Ventilkörper werden aus geschmiedeten Stahlblöcken angefertigt, welche bei dieser allerdings verhältnismäßig teuren Herstellungsweise eine unbeschränkte Lebensdauer besitzen. Die Firma Wegelin & Hübner war es auch, die seinerzeit den ersten Auftrag für eine Kohlensäure-Schachtgefriermaschinenanlage erhielt, bei welcher Temperaturen von — 45⁰ zum Gefrieren von mit Salzwasser gesättigtem Schwimmsand erzielt wurden. Der betreffende Kalischacht in der Provinz Hannover wurde mit der gelieferten Maschinenanlage auf die vorgesehene Teufe heruntergeführt, wenngleich der Schacht dann auch kurze Zeit nachher ersoff und für den weiteren Ausbau das Abbohrverfahren angewandt werden mußte. Immerhin war das erfolgreiche Arbeiten dieser ersten Kohlensäure-Kühlmaschinenanlage mit Anwendung von Temperaturen von unter — 40⁰ im Salzwasser gemessen, maßgebend für die führenden Schachtbaufirmen Deutschlands, die seitdem in der Hauptsache Kohlensäurekühlmaschinen verwenden, weil bei diesen immer die Möglichkeit vorhanden ist, bei einstufiger Kompression Temperaturen

bis ca. — 35⁰, im Salzwasser gemessen, zu erzielen, bei zweistufiger Kompression sogar Temperaturen bis — 45⁰. Die Firma Wegelin & Hübner zählt — bis auf eine Ausnahme — sämtliche Schachtbau treibenden Firmen Deutschlands zu ihren Abnehmern und hat bisher etliche 20 komplette Schachtgefriermaschinenanlagen nach dem Kohlensäuresystem ausgeführt.

Im Jahre 1906 wurde von Wegelin & Hübner an die Geestemünder Eiswerke eine große Eismaschinenanlage für die dortigen Bedürfnisse des Fischgroßhandels geliefert. Es kommt bei der Konservierung von Fischen darauf an, möglichst luftfreies Eis zur Anwendung zu bringen, um ein schnelles Schmelzen des Eises zu vermeiden. Hierfür eignet sich besonders das sogenannte Platteneis, welches aus gewöhnlichem Wasser ohne jegliche Aufbereitung hergestellt wird; für die Erzeugung eines derartigen Eises kann der billigst funktionierende Motor zur Anwendung kommen, da für die Herstellung eines bestimmten Quantums destillierten Wassers keine Sorge zu tragen ist. Im Jahre 1911 wurde von der Firma Wegelin & Hübner die erste große Platteneisfabrik auf dem Kontinent mit 60 t täglicher Leistung und Betrieb durch Dieselmotor geliefert, welche den gehegten Erwartungen voll und ganz entsprach, so daß ¼ Jahr nach Betriebseröffnung eine zweite gleichgroße Anlage in Auftrag gegeben wurde. Das erzeugte Platteneis kommt in den beteiligten Kreisen mit Vorliebe zur Anwendung, da das in kleine Würfel zerteilte Eis nicht wieder zusammenfriert und die Kühlung intensiver bewirkt als das gemahlene, aber zusammenfrierende gewöhnliche Kunsteis.

Beide Firmen Wegelin & Hübner und Vaaß & Littmann zusammen haben bis zum Jahre 1913 über 2000 komplette Kühl- und Eismaschinen geliefert.

Maschinenfabrik Quiri & Co., G. m. b. H., Schiltigheim (Elsaß)

Die hohen Anforderungen, welche an die Maschinenindustrie gestellt werden, haben bewirkt, daß im Laufe der Zeit eine immer größere Spezialisierung der einzelnen Arten von Maschinen eingetreten ist. Diese Spezialisierung hat zwei große Vorteile:

1. durch die intensive Beschäftigung mit einer einzigen Spezialität, können die Maschinen bis in alle Details besser durchstudiert und vervollkommnet werden und erklärt sich hieraus der hohe Grad unserer technischen Entwicklung;
2. tritt eine Verbilligung der Fabrikation ein durch das Konstruieren der Maschinen in Serien.

Ein Gebiet, auf welchem die Spezialisierung ganz besonders angebracht ist, ist die Kälte-Industrie, denn bei dieser Branche sind eine große Anzahl von praktischen Erfahrungen und Kenntnisse erforderlich, um etwas wirklich Gutes zu schaffen. In Deutschland haben sich eine Reihe von Firmen für diese Kältemaschinen spezialisiert, unter denen die Maschinenfabrik Q u i r i & Co., G. m. b. H., in S c h i l t i g h e i m i. Elsaß eine der bedeutendsten ist. Diese Firma wurde im Jahre 1877 gegründet und beschäftigt sich ganz a u s s c h l i e ß l i c h nur mit dem K ä l t e m a s c h i n e n b a u. Der praktische Erfolg ist der beste Beweis für die Leistungsfähigkeit dieser Firma.

Nachstehende Diagramme zeigen, daß die Firma Quiri & Co. Kälteanlagen von den kleinsten Nummern bis zu den größten Einheiten baut, und daß der jährliche Absatz ständig sich gehoben hat.

Es dürfte wenige Firmen geben, die eine derartige glänzende Entwicklung durchgemacht haben.

Die Firma Quiri & Co. liefert ihre Anlagen nicht allein für das Inland, sondern vielmehr wird ein großer Teil ihrer Fabrikate exportiert. Nachstehende Tabelle gibt einen Überblick über das Verhältnis zwischen Inland- und Export-Lieferungen. Die große Anzahl der ausgeführten Überseeanlagen ist ein deutlicher Beweis dafür, daß die Maschinen der Firma Quiri & Co. — welche das bekannte und best bewährte Schwefligsäure-System baut — sich ausgezeichnet bewähren.

Zusammenstellung der durch die Maschinenfabrik Quiri & Co., G. m. b. H. in

Maschinen-Nummern	000	00	0	I	Ia	II	IIa	III	IIIa
Äquivalente Kalorienleistung pro Stunde, für jede Maschinengröße, in **Deutschland** aufgestellt . .	24 000	252 000	612 500	440 000	442 500	400 000	795 000	720 000	840 000
In den **übrigen Ländern Europas** .	15 600	226 000	259 000	315 000	172 500	210 000	450 000	840 000	660 000
Für **Übersee**	2 400	14 000	35 000	85 000	600 000	160 000	105 000	260 000	120 000

Äquivalente Eisproduktion 5680 Tonnen pro Tag

Zahl der ausgeführten Maschinen.

Millionen Calorien in der Stunde

28 Gesamtleistung von Quiri & Co. gebauten Anlagen

26.496000
262
25.992000
25.075000
24.300000
23.640000
22.870000
21.640000
19.970000
18.350000
15.350000
12.740000
8.790000
5.670000
4.920000
1.540000

252

155

88
84
82
77
75
54
49
44
25 26
7
2

Anzahl der von Quiri & Co. gebauten Anlagen

VII VIa VI Va V IVa IV IIIa III IIa II Ia I O OO
Modell-Nummer der Kältemaschinen

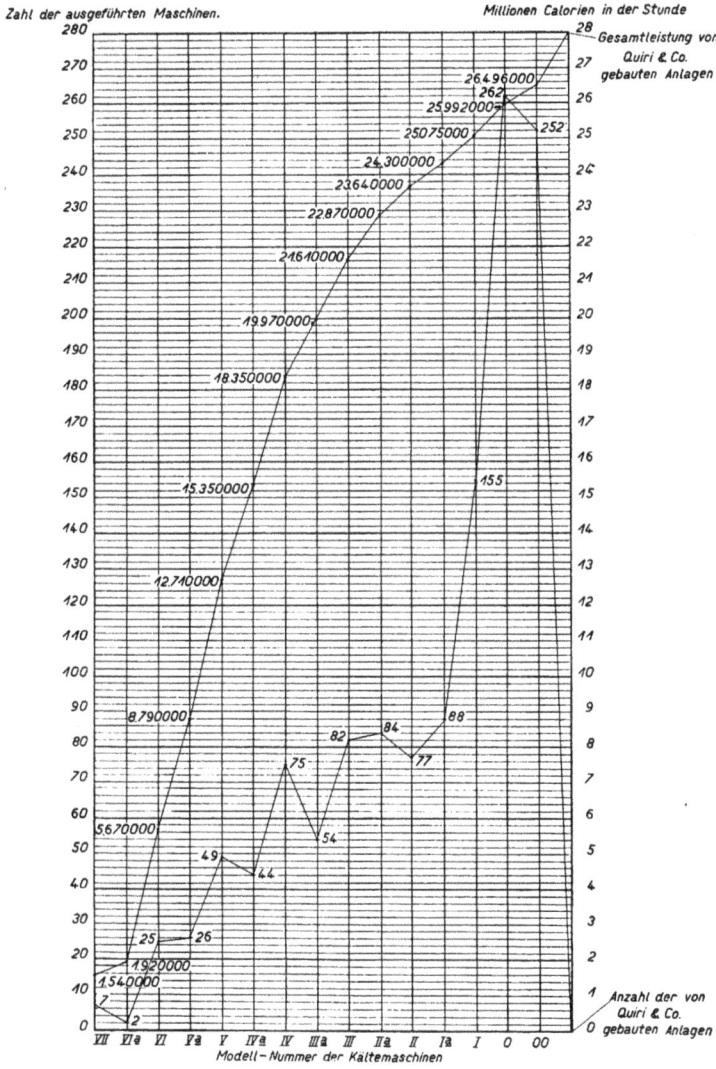

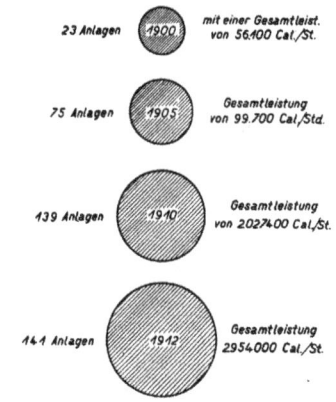

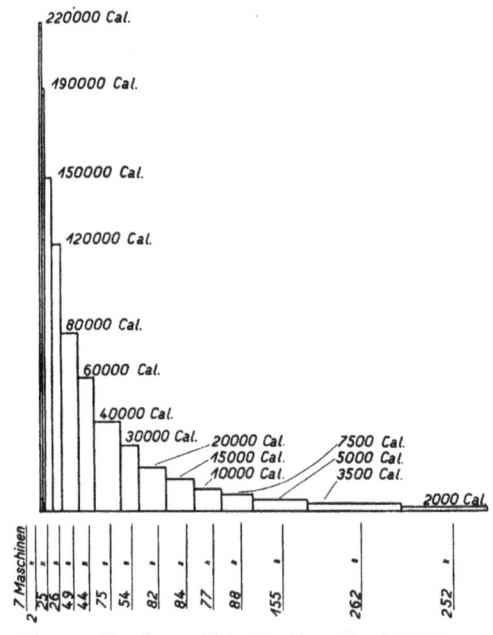

Diagramm über die Zunahme der Leistungen in Kalorien und den gelieferten Maschinengrößen.

23 Anlagen 1900 mit einer Gesamtleist. von 56.400 Cal./St.

75 Anlagen 1905 Gesamtleistung von 99.700 Cal./Std.

139 Anlagen 1910 Gesamtleistung von 202.400 Cal./St.

141 Anlagen 1912 Gesamtleistung 295.4000 Cal./St.

220000 Cal.
190000 Cal.
150000 Cal.
120000 Cal.
80000 Cal.
60000 Cal.
40000 Cal.
30000 Cal. 20000 Cal.
15000 Cal. 7500 Cal.
10000 Cal. 5000 Cal.
3500 Cal.
2000 Cal.

2 Maschinen
7 Maschinen
25
26
49
44
75
54
82
84
77
88
155
262
252

Diagramm über die ausgeführten Maschinengrößen in 26 Jahren.

Schiltigheim i. Els., bis 31. Mai 1913 gebauten und gelieferten Kältemaschinenanlagen

Maschinen-Nummern	IV	IVa	V	Va	VI	VIa	VII	VIII	Zu-sammen
Äquivalente Kalorienleistung pro Stunde, für jede Maschinengröße, in **Deutschland** aufgestellt . .	1 600 000	960 000	1 840 000	2 040 000	2 100 000	380 000	1 100 000	330 000	Kalorien pro Std. 14 876 000
In den **übrigen Ländern Europas** .	1 120 000	1 200 000	1 200 000	960 000	750 000	—	—	—	8 378 100
Für **Übersee**	240 000	960 000	1 280 000	240 000	1 050 000	—	—	—	5 151 400

Gesamte Kalorienleistung pro Stunde .	28 405 500

II. TEIL

BESCHREIBUNG UND DARSTELLUNG EINIGER
KÄLTE=ANLAGEN IN DEUTSCHLAND

Die Kältemaschinenanlage im Schlachthof Dresden

Der in den Jahren 1910/11 erbaute Dresdener Schlachthof umfaßt drei räumlich getrennte und vollständig selb-
ständige Kälteerzeugungsanlagen, die von der Gesellschaft
für Lindes Eismaschinen A.-G. in Wiesbaden geliefert
wurden. Die erste und zugleich umfangreichste, im eigentlichen Schlachthof, dient zur Konservierung des geschlach-
teten, gesunden Viehes, die zweite, im Amts- oder Polizei-
schlachthof, dient teils zur Erhaltung beanstandeten,
für den menschlichen Genuß aber noch tauglichen Fleisches,
teils zur Kühlung von Pferdefleisch, die dritte endlich
dient den Bedürfnissen des Gastwirtschaftsbetriebes, welcher dem Schlachthof angegliedert ist.

Die Anlage im Hauptkühlhaus ist erbaut für eine
stündliche Kälteleistung von 720 000 Kalorien, und zwar
zur Erzielung

1. einer Temperatur von $+2^0$ C und einer mittleren
   relativen Feuchtigkeit von 75% in der Fleischkühl-
   halle von 4280 qm Grundfläche;
2. einer Temperatur von $+7^0$ C und einer mittleren
   relativen Feuchtigkeit von 75% im Vorkühlraum
   von 1820 qm Grundfläche;
3. einer Temperatur von 6^0 C im Pökelraum von 1160 qm
   Grundfläche;
4. zur Kühlung eines Eislagers von 56 qm Grundfläche
   und
5. für eine gleichzeitige Erzeugung von 25 000 kg De-
   stillateis in 24 Stunden.

Für die Anlage im Amtsschlachthof werden für die
Erzielung einer Temperatur von $+2^0$ C und einer mittleren relativen Feuchtigkeit von 75% in den beiden Kühlhallen von zusammen 159 qm Grundfläche stündlich
25 000 Kalorien benötigt.

Der Gastwirtschaftsbetrieb erfordert zur Kühlung

1. eines Fleisch- und Pökelraumes von 7 qm Grundfläche auf $+2$ bis 4^0 C,

2. eines Raumes von 6,3 qm Grundfläche zur Aufnahme
   des Tagesbedarfes und geschlossener Konserven,
3. eines Bierraumes von 24 qm Grundfläche auf $+6^0$ C
   eine stündliche Kälteleistung von 4000 Kalorien.

Im Amtsschlachthof und im Gastwirtschaftsgebäude
wurde für die Kälteleistung von 25 000 bzw. 4000 Kalorien
stündlich je ein Ammoniakkompressor aufgestellt. Im
Hauptkühlhaus aber erschien es mit Rücksicht auf die
Betriebssicherheit und Anpassungsfähigkeit an den mit der
Jahreszeit wechselnden Kältebedarf geboten, die gesamte
Leistung auf drei Kompressoren von je 240 000 Kalorien
pro Stunde zu verteilen. Als Reserve wurde sogleich noch
ein vierter Kompressor derselben Größe aufgestellt, so
daß sich zwanglos die Zusammenfassung von je zwei Kompressoren zu einem Doppelkompressor mit gemeinsamer
Antriebsmaschine ergab.

Bei dem an und für sich vorliegenden Bedarf an
Dampf für Wasserbereitungszwecke usw. mußte der Dampfmaschine als Antriebsmaschine ohne weiteres der Vorzug
gegeben werden. Anderseits aber wäre es wegen der hohen
Anlagekosten für Dampfleitungen und der unvermeidlichen Wärmeverluste unwirtschaftlich gewesen, die weit
vom Kesselhaus entfernten Kompressoren in den Kühlanlagen des Amtsschlachthofes und des Gastwirtschaftsbetriebes gleichfalls mit einer Dampfmaschine zu be-
treiben, ganz abgesehen davon, daß Dampfmaschinen von
so kleiner Leistung, wie sie hier erforderlich wären, wegen
der verhältnismäßig hohen Anlagekosten und des großen
Dampfverbrauches hohe Betriebskosten aufweisen. Für
die beiden kleinen Kompressoren mit allen Nebenapparaten
wurde daher elektrischer Antrieb vorgesehen. Dies konnte
aber um so eher geschehen, als man nicht zu befürchten
brauchte, sich dadurch in Abhängigkeit einer fremden
Kraftquelle zu begeben, da der große Strombedarf für Be-
leuchtungszwecke in dem ausgedehnten Schlachthof allein

schon die Aufstellung einer besonderen Stromerzeugungs-
anlage rechtfertigte. Sind doch im ganzen 80 Bogenlampen und 4000 Glühlampen von 16 bis 600 NK. mit
Strom zu versorgen.

Gleichfalls elektrischen Antrieb erhielten alle Apparate
und Maschinen, für die teils aus Gründen räumlicher Entfernung, teils aus Gründen wünschenswerter Selbständig-
keit die Unabhängigkeit von der Hauptantriebsmaschine
gefordert werden mußte. Hierzu gehören vor allem die
Ventilatoren und Trommeln der Luftkühler, die Rühr-

diente die Dampfturbine vor allem deshalb den Vorzug,
weil sie ein ölfreies Kondensat liefert, welches für die
Klareiserzeugung vorzüglich geeignet ist. Allerdings
mußte, um diesen Vorteil voll ausnutzen zu können, für
eine ausreichende Belastung der Turbinen gesorgt werden.
Aus diesem Grunde wurde auch die umfangreiche Wasser-
hebungsanlage, die gleichfalls von der Gesellschaft Linde
geliefert wurde, für elektrischen Betrieb eingerichtet.

Alle Maschinen und Apparate für die Hauptkühl-
anlage sind mit der Kesselanlage und den von Brown &

Fig. 1 Hauptkühlraum

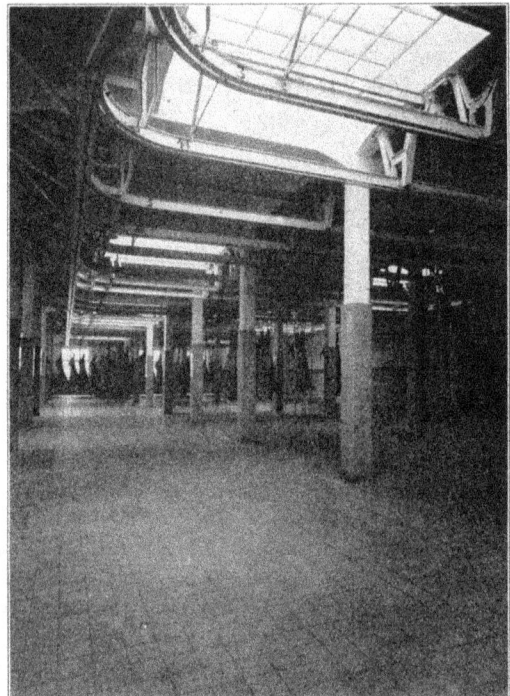

Fig. 2 Vorkühlraum für Großvieh

werke und der Vorschubmechanismus am Eisgenerator
und die Zentrifuge für den Soleeindampfapparat. Alle
anderen kleineren Maschinen, wie die Flüssigkeitspumpe
für die Überhitzungseinrichtung, die Solezirkulationspum-
pen und die Rührwerke, die alle mit dem Kompressor-
betrieb in engstem Zusammenhang stehen, erhalten ihren
Antrieb von einer im Maschinenhauskeller gelegenen
Transmission, die ihrerseits von den Antriebsdampf-
maschinen der Kompressoren angetrieben wird.

Für die Stromerzeugung ist die Dampfturbine der
Dampfkolbenmaschine durch geringe Anlagekosten und
geringen Raumbedarf überlegen, während hinsichtlich
des Dampfverbrauches beide Maschinen als gleichwertig
zu betrachten sind. In diesem besonderen Fall aber ver-

Boveri, Mannheim, gelieferten Dampfturbinen in einem
Gebäude vereinigt, bei dessen Einrichtung vor allem auf
eine spätere, weitgehende Vergrößerung Rücksicht zu
nehmen war.

Unmittelbar an das Kesselhaus schließt sich das
Maschinenhaus an, in dessen Erdgeschoß neben den drei
Turbodynamos die beiden Doppelkompressoren mit ihren
Antriebsmaschinen stehen. Es sind liegende Kompressoren normaler Bauart von je 240 000 Kalorien Stundenleistung, bei einer Verdampfungstemperatur des Ammoniaks von — 10° C und einer Verflüssigungstemperatur
von + 20° C, mit 380 mm Zylinderdurchmesser und
600 mm Hub. Sie laufen zurzeit mit 62 Umdrehungen
pro Minute.

Fig. 3 Verbindungshalle zwischen Schlacht- und Kühlhallen

Fig. 4 Generatorraum

Fig. 5 Maschinengebäude mit Wasserturm

Die Dampfmaschinen sind Verbundmaschinen mit gegenüberliegenden Zylindern von 415 und 685 mm Durchmesser und 850 mm Hub. Sie arbeiten normal mit überhitztem Dampf von 230° C und 8,5 Atm. Überdruck und sind mit Einspritzkondensation ausgerüstet. Ihre überschüssige Energie übertragen sie mittels Riemen vom Schwungrad auf die Transmission im Keller. Die Maschinen leisten 190 bis 220 PSi bzw. 160 bis 193 PSe.

Für die Aufstellung einer vierten Turbodynamo und eines dritten Doppelkompressors mit gekuppelter Dampfmaschine ist im Maschinenraum der erforderliche Platz vorgesehen.

Die Anpassung der Kompressorleistung an den wechselnden Kältebedarf wird ermöglicht durch die Verteilung der gesamten Kälteleistung auf drei Kompressoren. Um die Anpassungsfähigkeit noch zu vervollkommnen, ist jeder der Kompressoren mit einer Leistungsreduktionseinrichtung versehen, durch die jeweils die Deckelseite der Kompressoren ohne nennenswerte Arbeitsverluste von der nützlichen Kälteleistung vollständig oder zum Teil ausgeschaltet werden, also eine Leistungsverminderung bis zu reichlich 50% der Normalleistung erzielt werden kann.

Zur Erhöhung der Wirtschaftlichkeit des Betriebes sind die Kompressoren mit einer Überhitzungseinrichtung ausgerüstet. Diese hat bekanntlich den Zweck, bei reichlicher Berieselung der Verdampfer trockenen Kompressorgang zu erzielen. Dieser Zweck wird durch einen Flüssigkeitsabscheider erreicht, der, in die Saugleitung eingebaut, die aus den Verdampfern fortgerissenen Flüssigkeitsteilchen aus dem Ammoniakgas ausscheidet. Die gesammelte Flüssigkeit wird durch eine kleine Pumpe wieder in die Verdampfer zurückgedrückt. Erfahrungsgemäß wird durch diese Einrichtung eine beträchtliche Kraftersparnis und außerdem eine wesentliche Erleichterung der Regulierung erzielt, indem das Regulierventil nur noch den Druckunterschied, nicht aber mehr die Flüssigkeitsmenge zu regulieren braucht. Dank dieser Einrichtung konnten im vorliegenden Fall eine Kälteleistung von mindestens 4000 Kalorien pro 1 PSi, gemessen bei einer Verdampfungstemperatur von — 10° und einer Verflüssigungstemperatur von + 20° C, garantiert werden.

Abgesehen vom Eiskeller, dessen Kühlung durch eine an der Decke aufgehängte Ammoniakverdampferspirale mit aufgesetzten Rippenkörpern bewirkt wird, erfolgt im

Fig. 6 Straße im Schlachthof

Hauptkühlhaus die Kühlung durch nasse Luftkühler. Die Verdampferapparate zur Kühlung der zirkulierenden Sole, zwei Doppelverdampfer, sind in einem Kellerraum des Maschinenhauses aufgestellt. Sie haben je zwei Verdampferspiralen aus patentgeschweißten schmiedeisernen Röhren von 30/38 mm Durchmesser, mit zusammen 285 qm äußerer Kühlfläche. Die Rührwerke der Apparate werden durch die Transmission angetrieben.

In demselben Raum mit den Verdampfern stehen, gleichfalls von der Transmission angetrieben, zwei Solezentrifugen, von denen eine allein schon für die Unterhaltung der Solezirkulation genügt, die zweite also als Reserve dient. Für die Aufstellung eines dritten Verdampfers und einer weiteren Solepumpe ist der erforderliche Raum vorhanden.

Von den Verdampfern führen die Soleleitungen durch einen unterirdischen, begehbaren Kanal, der das Maschinenhaus mit dem Kühlhaus verbindet, zu den Luftkühlern, die im Obergeschoß der Kühlhalle aufgestellt sind. Es sind insgesamt acht rotierende Scheibenluftkühler der bekannten Bauart mit insgesamt 8800 qm soleberührter Kühlfläche vorgesehen. Jeder Apparat enthält

fünf Scheibensysteme mit je 53 Scheiben von 1650 mm Durchmesser. Zwei achtpferdige Elektromotoren sorgen für die Bewegung der Scheiben. Von den acht Apparaten dienen zwei zur Kühlung des Vorraumes für Großvieh, vier zur Kühlung der Haupthalle, je einer für die Vorkühlräume für Kleinvieh und den Pökelraum. Für vier weitere Apparate ist der erforderliche Raum vorgesehen.

Jeder Luftkühler hat einen durch besonderen sechspferdigen Motor angetriebenen Axialschraubenventilator von 60 000 cbm Stundenleistung zur ständigen Umwälzung der Kühlraumluft und zur Beschaffung der nötigen Frischluft durch an den Saugraum der Ventilatoren angeschlossene Frischluftrohre mit einstellbarer Drosselklappe.

Das bei der Abkühlung aus der Luft sich ausscheidende Wasser gelangt in die Sole. Diese nimmt bei der unmittelbaren Berührung mit der Luft auch alle Unreinigkeiten auf, die in der Luft enthalten sind. Von Zeit zu Zeit ist also eine Konzentrierung und Sterilisierung der Sole erforderlich. Die Konzentrierung erfolgt entweder in dem Salzlöser durch Zuführen frischen Salzes oder im Eindampfapparat durch Verdampfen des überschüssigen

7*

Fig. 7 Maschinenraum

Wassers. Im Eindampfapparat findet gleichzeitig die Sterilisation statt.

Die Anordnung der Apparate ist so getroffen, daß eine Umwälzpumpe einen Teil der Sole aus den Verdampfern entnimmt und entweder in den Salzlöser, aus dem die Sole verdickt von selbst wieder vermöge des vorhandenen Gefälles den Verdampfern zuströmt, oder aber durch einen Gegenstromkühler in das Sammelschiff des Eindampfapparates fördert. Aus dem Sammelschiff fördert eine zweite Zentrifuge die Sole auf die Überlaufrinne des Eindampfapparates, aus der sie über die mit Frischdampf geheizten Heizrohre herunterrieselt. In der Überlaufrinne liegen gleichfalls Heizrohre, durch die zunächst die Sterilisation der Sole erfolgt. Vom Eindampfapparate fließt die heiße Sole durch den Gegenstromkühler, in dem sie durch die zum Eindampfer fließende dünne Sole gekühlt wird, den Verdampfern wieder zu. Außerdem ist noch eine Solegrube vorhanden, die mit allen solefassenden Gefäßen in Verbindung steht. In dieser Grube soll die Sole durch Abstehen sich selbst entschlammen.

Die Verflüssigung der komprimierten Ammoniakdämpfe erfolgt in sechs Tauchkondensatoren mit Kühlspiralen aus patentgeschweißten, schmiedeisernen Röhren von 30/38 mm, mit einer Kühlfläche von insgesamt 700 qm. Die Kondensatoren sind unmittelbar neben dem Maschinenhaus in einem Raum des um den Kamin gebauten Turmes aufgestellt. Sie sind mit Rücksicht auf den bei so großen Apparaten immerhin schon merklichen Kraftaufwand ohne Rührwerke ausgeführt und verbrauchen zusammen bei einer Zuflußtemperatur von $+ 10^\circ$ C 120 cbm Kühlwasser stündlich, welches ihnen von einer Niederdruckplungerpumpe zugedrückt wird. Aus den Kondensatoren fließt das mäßig erwärmte Wasser vermöge des vorhandenen Gefälles zur Einspritzwassergrube, aus der es nach Bedarf für die Einspritzkondensatoren der Dampfmaschinen entnommen wird.

Die Niederdruckpumpe fördert gleichzeitig auch das Kühlwasser für die Oberflächenkondensatoren der Dampfturbinen. Dieses Kühlwasser wird weiter zur Warmwasserbereitung benutzt, die in den Kondensatoren aufgenom-

Fig. 8 Maschinenraum

mene Wärme wird also nutzbar. Zur weiteren Erwärmung des Wassers auf 70° sind Gegenstromvorwärmer aufgestellt, die gleichfalls vom Turbinenabdampf geheizt werden. Durch diese wird das im Warmwasserbehälter, der oben im Turm untergebracht ist, aufgespeicherte, in den Oberflächenkondensatoren auf 35 bis 40° vorgewärmte Wasser im Kreislauf durchgepumpt und weiter erhitzt.

In dem Turm ist ferner für die Schlachthofzwecke ein Kaltwasserbehälter aufgestellt, in dem eine Hochdruckpumpe kaltes Wasser aufspeichert. Diese Pumpe, wie auch die vorerwähnte Niederdruckpumpe, vermögen jede 300 cbm in der Stunde zu fördern. Beide Pumpen stehen im Kellerraum des Turmes, mit ihnen als Reserve eine dritte gleicher Größe, die sowohl als Hoch- wie Niederdruckpumpe laufen kann.

Das Kondensat der Dampfturbinen, welches ja als Gefrierwasser für die Eiserzeugungsanlage dienen soll, wird durch die Pumpen der Kondensationsanlagen zunächst in einen Sammeltopf gefördert, von dem aus es entweder zum Aufkocher oder, wenn genügend Destillat

gesammelt ist, zum Kesselhaus fließt, wo es als Speisewasser dient. Vom Aufkocher, in dem durch Heizen mit Frischdampf eine Entlüftung herbeigeführt wird, wird das Kondensat durch einen Kühler zum Kondensatreservoir gefördert, aus dem es infolge des vorhandenen Gefälles von selbst dem Einfüllapparat am Generator zuströmt.

Der Eisgenerator, der bei zweimaligem Ausfrieren in 24 Stunden eine Tagesproduktion von 25 000 kg aufweist, ist mit 1008 quadratischen Zellen für 13 kg Blöcke ausgerüstet. Die Zellen sind in 42 Zellenwagen zu je 24 Stück untergebracht. Der Verdampfer aus patentgeschweißten, schmiedeisernen Röhren von 30/38 mm Durchmesser hat eine äußere Kühlfläche von 130 qm. Die Rührwerke und der Vorschubmechanismus können von der Transmission bei Stillstand der Dampfmaschine durch einen Elektromotor betätigt werden. Das Eisziehen erfolgt durch einen in allen seinen Bewegungen elektrisch betriebenen Laufkran. Der Raum, in dem der Eisgenerator untergebracht ist, grenzt unmittelbar an das Maschinenhaus und steht in

Fig. 9 Gesamtansicht des Schlacht- und Viehhofes

Verbindung mit dem Eiskeller. Für die Aufstellung eines zweiten Generators derselben Größe ist der erforderliche Platz vorhanden.

Daß in einer so ausgedehnten Anlage für eine geregelte Betriebskontrolle Sorge getragen werden muß, ist selbstverständlich. Registrierende Meßinstrumente sind an passender Stelle angebracht. Thermometer in den Zu- und Abflußleitungen der Kondensatoren und in den Soleleitungen, Thermometer und Manometer in den Saug- und Druckleitungen der Kompressoren, Wassermesser und Dampfmesser und ein Solemeßapparat verschaffen einen leichten und bequemen Überblick über die Betriebsvorgänge und gestatten, rechtzeitig alle für die Wirtschaftlichkeit des Betriebes erforderlichen Maßnahmen zu treffen.

Zur Kälteerzeugung im Amtsschlachthof dient ein mit Elektromotor betriebener, liegender Ammoniakkompressor für eine stündliche Leistung von 25 000 Kalorien, bei einer Verdampfungstemperatur des Ammoniaks von — 10° und einer Verflüssigungstemperatur von + 20° C, mit Überhitzungseinrichtung und offenem Tauchkondensator. Die Kühlung der Räume erfolgt im Gegensatz zum Hauptkühlhaus mit direkt wirkenden Verdampfern. Diese sind zu zwei geschlossenen Luftkühlern zusammengebaut, von denen der eine zur Kühlung des beanstandeten Fleisches, der andere zur Kühlung von Pferdefleisch dient. Zwei Ventilatoren mit gekuppelten Motoren von 4500 bzw. 6000 cbm Stundenleistung sorgen für die ständige Luftumwälzung in den Kühlräumen und die Beschaffung der erforderlichen Frischluft, die durch eingemauerte Tonröhren angesaugt wird. Jeder Luftkühler ist mit einer Vorrichtung zum Abtauen des angesetzten Reifes mit warmen Ammoniakdämpfen versehen.

Fig. 10 Blick von der Schlachthofstraße aus

Für die Kälteerzeugungsanlage im Gastwirtschaftsgebäude ist ein stehender Ammoniakkompressor für
4000 Kalorien Stundenleistung bei — 10 +20° aufgestellt. Der Tauchkondensator zur Verflüssigung der komprimierten Ammoniakdämpfe ist geschlossen, so daß das
Kühlwasser an beliebiger Stelle zu irgendwelchen Zwecken
weiter verwendet werden kann. Die Kühlung der Räume
erfolgt durch direkt wirkende Verdmapfer, die in dem Bier-
keller und dem Konservenraum frei an der Decke aufgehängt, für den Fleischkühlraum zu einem geschlossenen
Luftkühler zusammengebaut sind. Ein Ventilator im
Luftkühler sorgt für die Luftumwälzung und Frisch-
belüftung des Fleischraumes. Durch einen kleinen seit-
lichen Schacht kann er gleichzeitig auch den Konservenraum mit Frischluft versorgen.

Fig. 11 Gesamtansicht des Schlacht- und Viehhofes

Schlachthof- nebst Fleischkühlanlage und Eisfabrik zu Bad Godesberg a. Rh.

Bauleitung und Entwurf: Walter Freese, Architekt B. D. A., Bonn (Rhein)
Ausführung der Maschinenanlage durch A. Borsig, Berlin-Tegel

Die Erzeugnisse der Kältetechnik gehen in erheblichem Maße auf die Schlachthofanlagen über, die heute auch schon in den kleinsten Städten errichtet werden. Was würde z. B. die ganze Tierkontrolle, Fleischbeschau u. dgl. nützen, wenn mit einer Schlachthofanlage nicht zugleich eine Kühlanlage vorhanden wäre, welche den Fleischermeistern die Erhaltung des Fleisches nach der Schlachtung auf entsprechende Zeit und bei jeder Witterung gestattete. Es ist nicht jedem Fleischermeister möglich, sich eine eigene Kühlanlage zu erbauen und die dadurch deren entstehenden höheren Betriebskosten zu decken. Darum bildet eine Kühlanlage eigentlich den wertvollsten Betsandteil einer Schlachthofanlage.

Es dürfte sich daher empfehlen, an dieser Stelle eine kurze schriftliche und bildliche Darstellung eines Schlachthofes in Verbindung mit einer Kühlanlage zu veröffentlichen, wozu die erst in jüngster Zeit eröffnete Anlage von Bad Godesberg a. Rh. gewählt werden soll.

Godesberg mit einer Einwohnerzahl von 20 000 Köpfen, wozu jedoch ein sehr erheblicher Fremdenverkehr während der Sommermonate hinzutritt, hat einen jährlichen Fleischverbrauch von

    1500 Stück Großvieh,
    2500 Stück Kleinvieh und
    4500 Stück Schweinen.

Für diese Schlachtungen sind die gesamten Räumlichkeiten bemessen, bei deren Bau zu bedenken war, daß, entsprechend dem Fremdenverkehr, sich die Tagesschlachtungen im Sommer bis auf die doppelte Zahl der durchschnittlichen Hauptschlachtungen erhöhen, und daß auch von vornherein auf entsprechend schnellere Vermehrung der Schlachtungen Rücksicht genommen werden mußte. Unter normalen Verhältnissen würde die Anlage also ohne weiteres für die doppelte Zahl der Schlachtungen ausreichen.

Das für Schlachthofzwecke in Anspruch genommene Gesamtareal bedeckt eine Fläche von 12 500 qm. An Gebäulichkeiten sind vorhanden: westlich vom Haupteingang das Wohngebäude für den Direktor, mit Anbau nach dem Hofinnern für Verwaltungs- und Kassenräume, östlich des Haupteinganges das Wohnhaus für Maschinisten und Hallenmeister, daneben die Freibank, in welcher das bei der Untersuchung als bedingt tauglich befundene Fleisch nach vorherigem Auskühlen, Sterilisieren oder Pökeln zum Verkauf gelangt. Alle diese Gebäude liegen an der Straßenfront mit Eingängen von dieser her, damit das Betreten des eigentlichen Schlachthofes für Unbefugte vermieden wird. Die südöstlichste Ecke nimmt der Pferdeausspannhof ein.

In der Achse der Haupteinfahrt liegt auch diejenige des Hauptbetriebsgebäudes. Der westliche Baublock desselben umfaßt die Schlachthallen, und zwar eine solche für Schweine und eine weitere für Groß- und Kleinvieh gemeinsam. Dazwischen erheben sich, durch überdeckten Gang von den Schlachthallen getrennt, die Kaldaunenwäschereien. Den Giebelenden, nach der Ostseite zu, lehnen sich Nebenräume als Hallenmeister- und Tierarztzimmer, Garderoben für Meister und Gesellen, Aborte, Pissoire u. dgl. an. Sämtliche Betriebsräume sind mit den besten maschinellen Ausrüstungen zur Vornahme der Schlachtungen, des Transportes usw. ausgestattet, um die menschlichen Arbeitsleistungen auf ein Minimum zu beschränken, um aber auch humanste und schnellste Tötung und Ausschlachtung der Tiere zu erreichen.

Der den Schlachthallen gegenüberliegende westliche Baublock ist für die Kühlräume, die Eisfabrik und als Raum für die Maschinenanlage bestimmt.

Beide Bauteile sind durch eine überdachte Halle, die sog. Verbindungshalle, miteinander verbunden und werden so gewissermaßen zu einem Ganzen vereinigt.

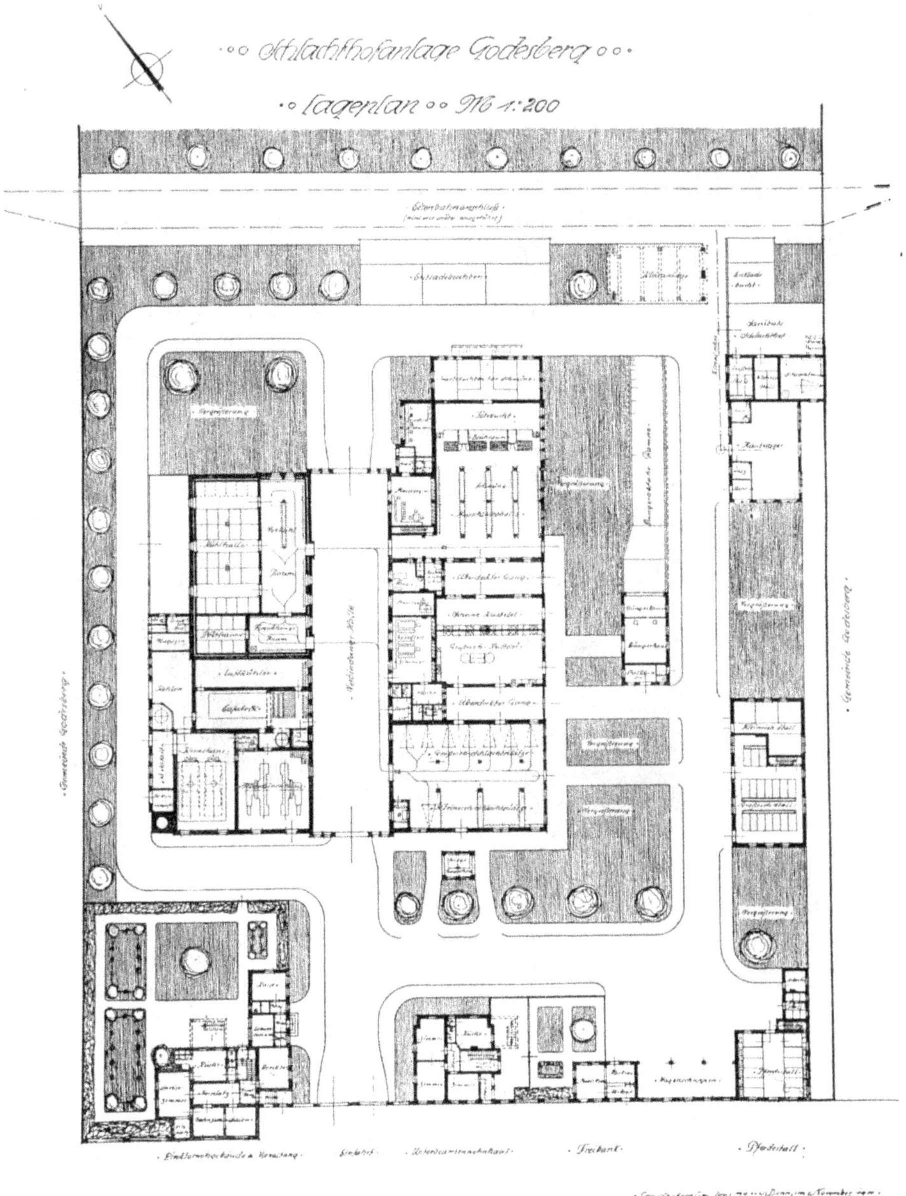

Fig. 1

In dieser Verbindungshalle geht dann auch der ganze Verkehr vor sich. Es erfolgt hier die Abholung und Zubringung

Fig. 2. Verbindungshalle

des Fleisches, die Überführung desselben von den Schlachthallen nach dem Kühlhause, der Verkehr zwischen den einzelnen Räumen usw., alles unabhängig von Witterungseinflüssen. Die Halle schafft dementsprechend auch einen leichten Überblick über den gesamten Betrieb.

Die Kühlräume liegen nach Norden, bestehen aus Vorkühlraum, eigentlichem Kühlraum und Pökelraum. Im Vorkühlraum muß das frisch ausgeschlachtete Fleisch ca. 24 Stunden vorkühlen, damit der Betrieb bzw. die Temperaturen und Luftverhältnisse im Hauptkühlraum möglichst gleichmäßige bleiben. In den Hauptkühlraum sind 32 verschieden große Kühlzellen, welche an die einzelnen Metzger vermietet werden, eingebaut. Vorkühlraum und Schlachthallen sind durch Hochtransportbahn, welche ein bequemes, direktes Überführen der ausgeschlachteten Tiere ermöglichen, verbunden.

Ein weiterhin vor dem Vorkühlraum angeordneter Hängeraum soll dazu dienen, die Schlachttiere sofort aus der Schlachthalle zu entfernen und sie hier bis zur jeweiligen Öffnung des Vorkühlraumes, ohne jedwede Beeinträchtigung, hängen zu lassen.

Südwärts lagert sich den Kühlräumen zunächst der Luftkühlerraum vor. Alsdann folgt der Raum für die Apparate der Eisfabrikation, worin ein Eisgenerator für eine tägliche Leistung von 10 000 kg, untergebracht ist.

Fabriziert wird Kristalleis, welches aus dem Abdampf der Maschine gewonnen wird.

In dem sich anschließenden Kesselhaus haben zwei Cornwallkessel von je 50 qm Heizfläche mit 10 Atm. Überdruck Aufstellung gefunden. In dieselben sind Überhitzer, welche den Dampf auf 300° überhitzen, eingebaut. Das nebenan liegende Maschinenhaus ist für ein doppeltes Maschinenaggregat bemessen. Zurzeit ist jedoch nur eine Ventildampfmaschine von 50 PS Leistung und ein mit derselben direkt gekuppelter Ammoniakkompressor für eine Leistung von 90 000 Kalorien aufgestellt.

Das für Schlachthofzwecke erforderliche warme Wasser wird in einem Großwasserraumvorwärmer von 10 cbm Inhalt, welcher während des Maschinenbetriebes mit dem Abdampf der Maschine beheizt wird, gewonnen.

Mit Rücksicht darauf, daß Gebrauchswasser aus dem Gemeindewasserwerk zur Anwendung gelangen mußte, ist die Anlage der Berieselungskondensation für Wasserersparnis eingerichtet.

Die gesamte Kühlmaschinenanlage stammt aus der weithin gut bekannten Maschinenfabrik A. Borsig, Berlin-Tegel. Der inzwischen aufgenommene Betrieb läßt ein einwandfreies Funktionieren der Anlage nach jeder Richtung hin erkennen. Die vorgenommenen Garantieversuche haben für die Lieferantin ein sehr günstiges Ergebnis

Fig. 3. Vorkühlraum

Fig. 4. Maschinenraum

gezeigt, indem fast sämtliche gebotenen Garantien zugunsten der Lieferantin überschritten wurden.

Als Nebenanlage zu der allgemeinen Schlachthofanlage finden wir noch östlich der Kaldaunenwäscherei das Düngerhaus, östlich der Klein- und Großviehschlachthalle die Schlachttiere direkt in den Schlachthof hineinzuschaffen. Die Kosten der Gesamtanlage, einschließlich Eisenbahnanschluß, Geländeerwerb u. dgl., belaufen sich

Fig. 5. Gesamtansicht

die Stallungen für die betreffenden Viehgattungen und in der Nordostecke des Grundstückes die behördlich vorgeschriebene Sanitätsschlächterei. Ein Eisenbahnanschluß im Hintergrunde des Schlachthofgeländes ermöglicht es, auf rd. M. 500 000. Im Verhältnis zur Einwohnerzahl mag diese Summe reichlich groß erscheinen, sie wird jedoch gerechtfertigt durch die Größe der Anlage, für die Rücksicht auf den Fremdenverkehr, geboten war.

Gefrierhausanlage am Kaiserhafen in Bremerhaven

Ausgeführt von L. A. Riedinger, Maschinen- und Bronzewarenfabrik A.-G., Augsburg

Das Streben nach der Einführung billigen Gefrierfleisches in Deutschland hatte am Ende des abgelaufenen Jahres einen bemerkenswerten Erfolg zu verzeichnen, da sich der Senat der Freien und Hansastadt Bremen entschlossen hat, auf staatseigenem Grunde am Kaiserhafen zu Bremerhaven eine Kühl- und Gefrieranlage für die Aufstapelung gefrorenen Fleisches einzurichten. Da die ganze Anlage gewissermaßen als Versuch zu betrachten war, sollte deren Schaffung mit möglichst geringen Mitteln durchgeführt werden, wenngleich jedoch für die Sicherheit des Betriebes alle Anforderungen in weitgehendstem Maße zu erfüllen waren.

Man entschloß sich zur Verwendung eines bereits bestehenden Lagerschuppens, der lediglich in den zu kühlenden Räumen mit einer Isolierung durch 20 cm starke Korkplatten versehen wurde, die auf einer halbsteinstarken Vormauerung aufgebracht und mit Zement verputzt wurde. Außen ist der Schuppen mit Wellblech verkleidet. Die in den Schuppen eingebaute Decke der Kühlräume ist nicht massiv, sondern aus Holz ausgeführt, um eine möglichst geringe Belastung des wenig tragfähigen Untergrundes zu erhalten.

Besondere Mauerwerksausführung wurde nur an Stellen gewählt, wo besondere Lasten aufzunehmen waren oder die Forderung nach vollständiger Wasserdichtheit berücksichtigt werden mußte.

Das Grundstück selbst ist an der Ostseite des Kaiserhafens I gelegen und wird an der westlichen und nördlichen Seite von der Kaje umschlossen, während an der gegenüberliegenden Landseite sich das Eisenbahngeleise hinzieht. Maschinenanlage und eigentliches Kühlhaus sind unter einem Dache vereinigt. Der durch die Gefrieranlage nicht beanspruchte Teil des Schuppens dient anderweitigen Zwecken.

Sämtliche Kühlräume sind ebenerdig gelegen in einem nahezu quadratischen Block, der in der Mitte einen ca. 8½ m breiten, vollständig durchlaufenden Korridor enthält, welcher durch verschiedene Einbauten in einen Expeditions- und Kontorraum abgeteilt ist und außerdem noch die nötige Passage zu den einzelnen Kühlkammern vermittelt. Beidseitig ist freier Zugang zum Wasser oder zur Bahn.

Oberhalb dieses Mittelganges sind die Luftkühler angeordnet, da in dem ganzen ca. 950 qm nutzbare Grundfläche fassenden Kühlhaus indirekte Luftkühlung mittels Zirkulation der Hallenluft durch außenliegende Soletrockenkühler besteht. Hierdurch ist nicht nur die Lagerung bereits durchgefrorenen Fleisches sondern auch diejenige anderer Kühlgüter, wie Eier, Obst, Geflügel und sogar frischen Fleisches, möglich, es sind also einer nutzbringenden Verwendung weite Grenzen gezogen. In Rücksicht auf die örtliche Lage des ganzen Kühlhauses ist durchgehends elektrischer Antrieb sämtlicher Maschinen eingerichtet und wurden zwei vollständig unabhängige Aggregate aufgestellt, jedes mit einer Leistung von 180 000 WE bei — 2 bis — 5° C im Salzwasser bzw. von 140 000 WE bei — 10° bis — 15° C Soletemperatur. Die beiden Einzelkompressoren nach dem bekannten Kohlensäurekompressionssystem der erstellenden Firma werden durch je einen 80 PS-Gleichstrommotor mittels Riemen direkt angetrieben und machen 100 Umdrehungen pro Minute.

Durch eine besondere Ventilkonstruktion, welche auf der Mitwirkung von Luftpuffern beruht, ist auch bei dieser — für so große Maschinen verhältnismäßig hohen Umlaufszahl — ein technisch vollständig geräuschloser Gang erreicht.

An den Maschinenraum schließt sich auf der einen Seite der Apparatenraum an, welcher die beiden Salzwasserkühler normaler, zylindrischer Konstruktion enthält und die beiden Kohlensäurenachkühler, denen das Kältemedium von den Berieselungskondensatoren behufs weiterer Unterkühlung zuströmt.

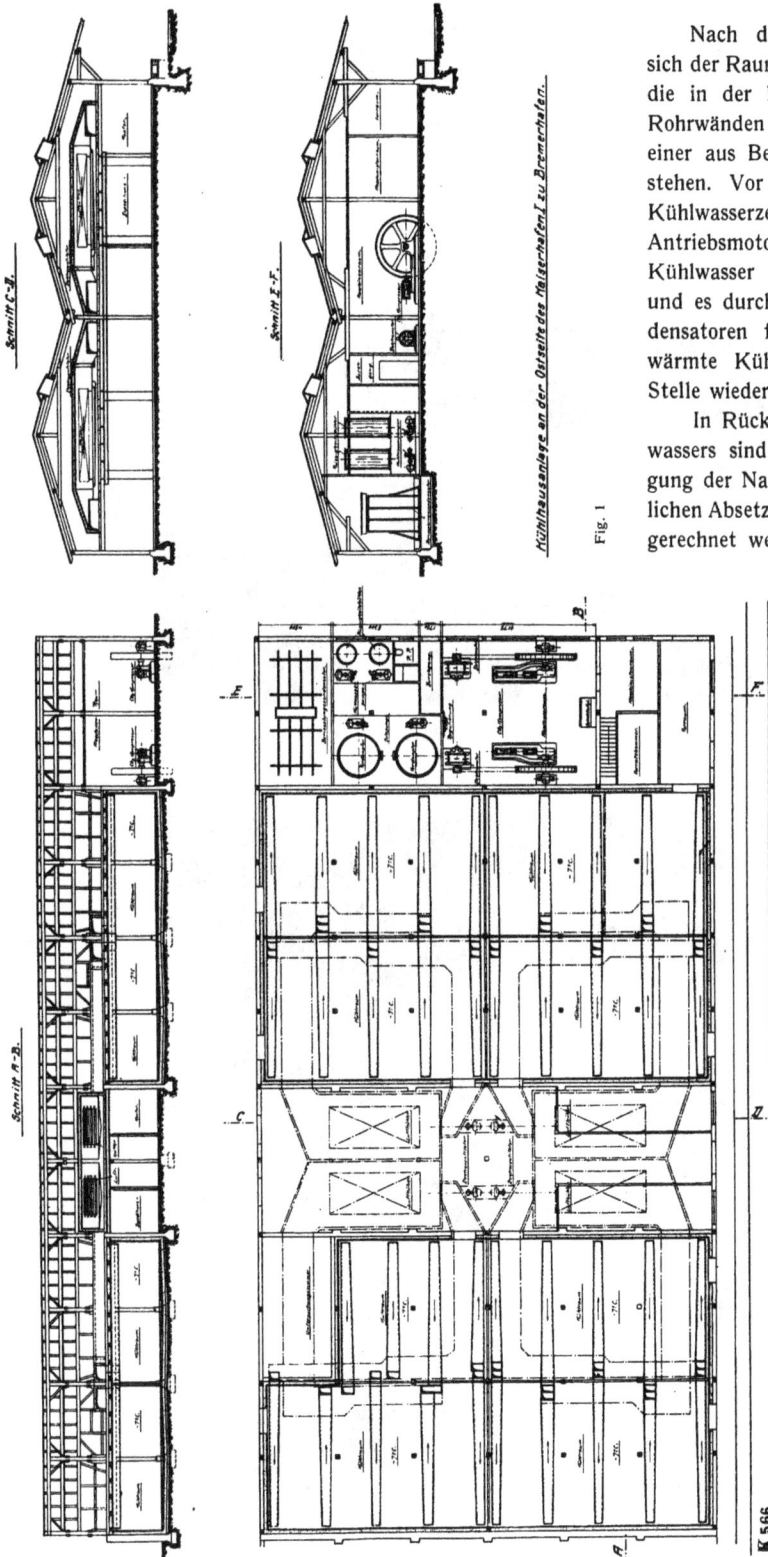

Nach der Hafenseite zu gelegen befindet sich der Raum für die beiden Rieselkondensatoren, die in der bekannten Ausführung mit flachen Rohrwänden und ineinandergelegten Spiralen in einer aus Beton hergestellten Wassersammeltasse stehen. Vor den beiden Nachkühlern sind zwei Kühlwasserzentrifugalpumpen, direkt mit ihren Antriebsmotoren gekuppelt, aufgestellt, die das Kühlwasser direkt aus dem Hafenbassin saugen und es durch die Nachkühler auf die Rieselkondensatoren fördern. Von diesen läuft das erwärmte Kühlwasser ohne weiteres an anderer Stelle wieder in das Hafenbassin zurück.

In Rücksicht auf die Verwendung des Hafenwassers sind besondere Vorkehrungen zur Reinigung der Nachkühler getroffen, da mit der möglichen Absetzung von Unreinigkeiten und Schlamm gerechnet werden muß, deren leichte Entfernung aus den Apparaten zu sichern war.

Zu diesem Zwecke sind die Nachkühler mit ihrer Unterkante 2 m über den Flur des Apparatenraumes aufgestellt, so daß der Boden von unten aus bequem zugänglich wird und der Apparat durch ein großes Mannloch in entsprechender Weise gereinigt und eventuell abgesetzter Schlamm abgelassen werden kann.

Über den Apparaten selbst ist genügend Raum, und die eingebauten Spiralen oberhalb der Apparate sind bequem zugänglich und leicht ausbaubar.

Die Rieselkondensatoren sind an den zwei freisteh en den Seiten mittels Jalousien umkleidet, so daß eine günstige Luftzirkulation erreicht wird. Die in den Verdampfern gekühlte Sole wird durch zwei direkt mit Elektromotoren gekuppelte Zentrifugalpumpen nach dem Dachraum geleitet, in welchem vier Luftkühler angeordnet sind. Diese bestehen aus mehreren übereinandergebauten Lagen gußeiserner Rippenrohre von $3\frac{1}{2}''$ I. W., welche mittels gußeiserner Krümmer und Rückkehrbogen zu einem Ganzen vereinigt sind.

Fig. 1

Fig. 2 Ansicht von der Eisenbahnseite

Fig. 3 Maschinenraum

Fig. 4 Kühlraum

Fig. 5 Ansicht von der Hafenseite

Vier kräftige Ventilatoren, die gleichfalls jeder mit einem Elektromotor direkt gekuppelt sind, und welche eine Leistung von je 19 000 cbm pro Stunde besitzen, sorgen für einen intensiven Luftumlauf zwischen den Kühlern und den Hallen, und ergibt sich aus dem Gesamtinhalt der leeren Kühlräume von rd. 3000 cbm eine ca. 25 fache Luftzirkulation, welche ihre hauptsächliche Begründung in der zu haltenden tiefen Raumtemperatur hat.

Die Luftkühlapparate sind derart aufgestellt, daß nicht nur auf einfachste Weise durch die Zirkulationsventilatoren die nötige frische Luft zur Lufterneuerung mit eingezogen werden kann, sondern auch eine intensive Abtauung der bereiften Luftkühler durch frische, warme Außenluft möglich wird.

Die Luftkühlkammern sind mit den anschließenden Hauptluftkanälen durch eine Korkisolierung von 140 mm Stärke gegenüber unerwünschter Wärmeeinstrahlung gesichert.

Von den Luftkühlern bzw. Ventilatoren führen Hauptdruck- und Saugschläuche oberhalb der Kühlraumdecke über die einzelnen Kühlkammern, und ist die Luftverteilung auf diese durch einzelne eingebaute Schieber und Drosselklappen entsprechend regulierbar.

In den Kühlräumen selbst, die eine lichte Höhe von 3 m aufweisen, sind die Luftverteilungssysteme an der Decke derart befestigt, daß diese Kanäle mit ihrer offenen Oberseite direkt an die gespundete Deckenschalung anschließen. Hierdurch wird nicht nur an verfügbarer Raumhöhe gewonnen, sondern wird auch ein unangenehmer Schmutzwinkel zwischen Luftschlauchoberkante und Kühlhausdecke vermieden. Die Verteilung des Luftstroms in den Kühlräumen selbst durch die Zweigleitungen erfolgt in der bei Fleischkühlanlagen allgemein üblichen Weise — durch fischgrätenartig angeordnete Seitenkanäle, so daß an allen Stellen eine möglichst gleichmäßige Luftzirkulation erreicht werden kann.

Die zur Verfügung stehende Kühlhausfläche, welche, wie erwähnt, durch den Mittelgang in zwei annähernd gleiche Teile geteilt wird, gliedert sich in jeder Raumhälfte in vier gleichgroße Kühlkammern. Lediglich von einer dieser Kühlkammern ist eine außengelegene Fläche von ca. 8½ · 4½ m Grundfläche als Untersuchungsraum abgetrennt.

Als Raumtemperaturen sind bei der Einbringung gefrorenen Fleisches — 7° C in Aussicht genommen, wobei vertraglich ein Feuchtigkeitsgehalt von ca. 90%, bezogen auf — 7° C, herrschen soll.

Das erste Maschinenaggregat kam am 18. März d. J. in Betrieb und wurden am 27. gleichen Monats die ersten 40 000 kg Gefrierfleisch aus Hamburg per Bahn angeliefert. Die derzeitige Belegung entspricht ungefähr ¼ der ganzen Fassung, wobei mit nur einer Maschine je zwei Stunden des Vormittags und Nachmittags gearbeitet wird. Hierbei sinken die Salzwassertemperaturen bereits auf — 21° C. Die Raumtemperaturen hingegen steigen während des nächtlichen Stillstandes lediglich von — 8° C auf — 5° C, was bei der an sich ungünstigen Baukonstruktion auf die gute und reichliche Isolierung der Kühlräume zurückzuführen ist.

Die gesamte Bauleitung lag in den Händen des Hafenbauamtes Bremerhaven der Freien Hansastadt Bremen.

Warenhaus-Kühlanlage in Essen

Ausgeführt von der Maschinenfabrik A. Freundlich, Düsseldorf

Das moderne Warenhaus stellt ein Beispiel zeitgemäßer Konzentration des Kleinverkaufes dar. Es ist naturgemäß, daß auch die Lebensmittelbranche hierbei nicht unberücksichtigt bleiben darf.

Bei einem Warenhausgroßbetrieb ergeben sich von selbst größere Schwankungen und Zufällig-keiten hinsichtlich Ein-gangs der Waren und Verkaufes. Außerdem kommt in Betracht, daß aus kaufmännischem Interesse die Waren je-weils in großen Mengen eingebracht werden und infolgedessen längere Zeit konserviert bleiben sollen.

Hieraus ergibt sich für die Kühlmaschinen-branche Gelegenheit zu einer Universalkühlan-lage, die allen beson-deren Ansprüchen in besonders hohem Maße entsprechen muß.

In Figur 1 ist der Monumentalbau eines Großwarenhauses in Essen in Außenan-sicht wiedergegeben.

Fig. 1 Außenansicht

teilungen für Lebensmittel, wurde hier die Aufgabe gestellt, die Kühlräume im obersten Geschosse un-mittelbar am Zugang zur Lebensmittelverkaufsabteilung unterzubringen, während der Maschinenanlage der Platz in den unteren Kellereien verbleibt.

Die Frage der Kälte-übertragung für eine derartige Anlage scheint zunächst für Solekühlung zu ent-scheiden zu sein, ein-mal wegen der sich er-gebenden großen Lei-tungslängen, dann auch wegen der Bedenken gegenüber einer Anlage mit direkter Verdamp-fung innerhalb eines stark frequentierten Baues. Wenn trotz-dem hier die Anlage durchweg für direkte Verdampfung ausge-führt wurde und außer-dem das Ammoniak-kühlverfahren zur An-wendung kam, so ge-schah dies einerseits unter Beachtung der hinsichtlich Bedienung und dauernder Bewäh-

Nachdem die zunächst gegebene Unterbringung der Maschinen- und Kühlräume in den Kellereien sich bei ver-schiedenen ausgeführten Warenhauseinrichtungen als nicht die zweckmäßigste erwiesen hat, u. a. auch wegen der relativ großen Entfernung von den Verkaufsab-

rung anerkannten Vorteile des Ammoniakverfahrens an sich, dann auch wegen der Einfachheit der Anordnung und Regulierung sowie der verlängerten Lebensdauer einer der artigen Ausführung. Es ist selbstverständlich, daß die allerhöchsten Ansprüche hinsichtlich technischer Aus-

führung erfüllt werden mußten, um eine sichere und einfache Regulierung der weitverzweigten Anlage zu gewährleisten und anderseits jedwede Gefahr auszuschließen.

Zu den Spezialmaßnahmen, die zu diesem Zwecke
getroffen wurden, gehört vor allem, daß die gesamte Lei-
tungsfernanlage zu einem Stück geschweißt ist, also keiner-
lei Dichtungen Veranlassung zu Störungen geben können.
Der Probedruck der fertig verlegten Leitung betrug
150 Atm., entsprechend einer mehr als 50 fachen Sicherheit.

Die Regulierung der Anlage erfolgt in doppelter
Weise; einerseits hat das Bedienungspersonal der Kühl-

keit tritt durch ihr eigenes Gewicht in die Kühlsysteme
des im Kellerraum untergebrachten Eiserzeugers, welcher
außerdem eine Hilfsregulierung vom Maschinenhaus aus
besitzt.

Der geschilderte Flüssigkeitsabscheider ist außerdem
als letztes Sicherheitsglied der Anlage ausgebildet und mit
einer Explosionsplatte versehen, die bei Überschreitung
des zulässigen Druckes in Funktion tritt und das Ammoniak ausströmen läßt.

Die Maschinenanlage ist in dem Plan Fig. 3 dargestellt, und der Kompressor in der photographischen
Abbildung Fig. 4 wiedergegeben. Letzterer ist stehender
Bauart, nach dem Kapseltyp ent-
worfen und arbeitet mit einem
besonders reichlich bemessenen,
durch eine Ölpreßpumpe ständig
automatisch geschmierten Trieb-
werk. Der Kompressorzylinder
ist einfach wirkend, was besonders
bei überhitztem Arbeiten dadurch
vorteilhaft erscheint, daß die
Stopfbüchse ständig unter dem
Einfluß der kalten, angesaugten
Gase steht. Als Ventile sind bewährte Stahlplattenventile angewandt, die gleichfalls dem Über-
hitzungsbetriebe in hervorragen-
dem Maße entsprechen.

Der zugehörige Tauchkon-
densator besitzt das patentierte
Rührwerk »System Freundlich«,
mit feststehendem Turbinenleit-
rad zur Erzielung einer lebhaften
Zirkulation, ohne Anwendung

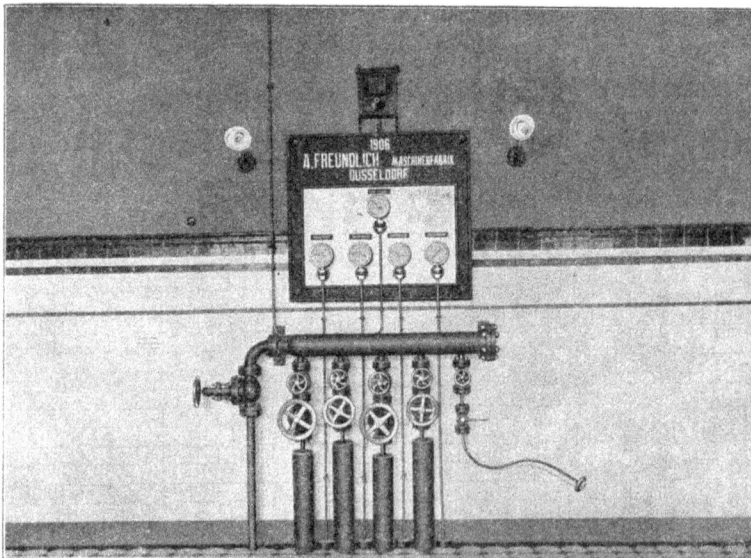

Fig. 2 Regulierstation

räume selbst die Möglichkeit, die einzelnen Systeme an der
in dem Vorraum angebrachten Verteilstation einzuregu-
lieren, anderseits stehen dem Maschinisten im Maschinenhaus an der zentralen Manometerregulier- und Füllstation,
ähnlich wie in Fig. 2 dargestellt, die Hauptregulierventile
zur Führung der Maschine zur Hand.

Damit aus beiden Reguliermethoden keine Schwierigkeiten folgen, mußte für die sämtlichen Kühlsysteme das
Überflutungsverfahren gewählt werden, bei welchem also
jeweils mit einem Überschuß von Ammoniak in den einzelnen Rohrschlangen gerechnet wurde.

An einer Stelle oberhalb der Kühlräume, im Freien,
jedoch gegen Witterungseinflüsse geschützt, befindet sich
ein großer Flüssigkeitsabscheider, von welchem aus die
Saugleitung nach dem Maschinenraum niederführt. Hier
wird die überschüssige Flüssigkeit von den Gasen getrennt,
der Kompressor arbeitet mit Überhitzung und die Flüssig-

von Transmissionen, wie in Fig. 5 im Schnitt dargestellt.

Der Antrieb des Kompressors, welcher neuerlich
bei gleichen Anlagen vermittels eines mäßig laufenden, direkt gekuppelten Elektromotors erfolgt (s.
Fig. 6), ist im vorliegenden Falle indirekt durch ein
Transmissionsvorgelege gewählt, weil neben der Kühlmaschine der Antrieb weiterer Hilfsmaschinen von
dem gleichen Motor in Betracht gezogen werden
mußte.

Die Leistung der Maschine beträgt 60 000 Kalorien
stündlich, gemessen bei −10° C Ammoniakverdampfungs-
und +10° C Kühlwassertemperatur. Der Kraftbedarf
bei obiger Leistung beträgt ca. 16 PS, einschließlich Trans-
missionsverlust.

Die Anordnung und Einzelausführung der Kühlanlage
ergibt sich aus Planzeichnung Fig. 7.

Es fällt sofort auf, daß in der Ausführung der Kühlsysteme eine große Mannigfaltigkeit gewählt wurde, die durch die Bedingung einer Verwendung der Räume für verschiedene Zwecke gegeben war.

Einzelne Räume, in denen eine besondere Ventilation notwendig erscheint, sind mit eigenen Elektroventilatoren ausgestattet. Außerdem ist im Vorraum ein Frischluftkühler und -trockner angebracht, bestehend aus Akku-

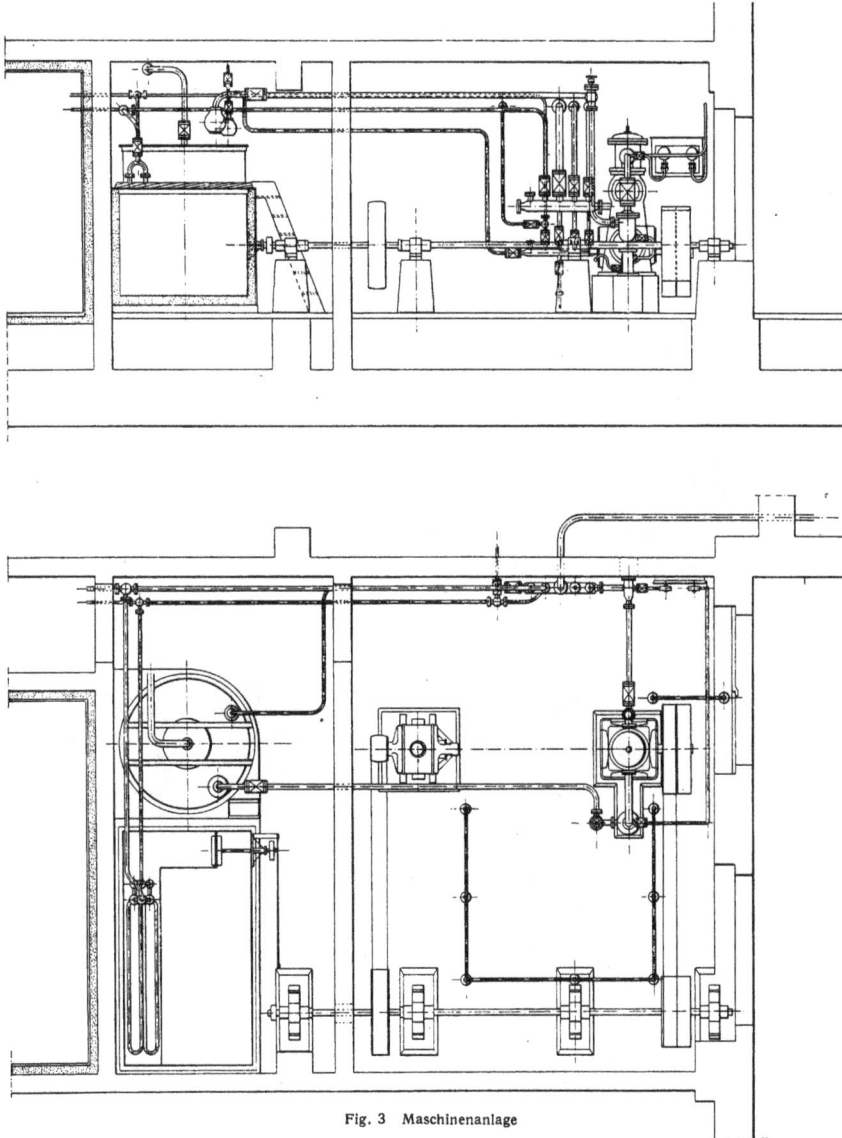

Fig. 3 Maschinenanlage

Die nachstehenden Fig. 8, 9, 10, 11 und 12 geben einen Einblick in derartige Kühlräume und zeigen u. a. die großen Vorteile, die sich durch die teilweise Ausbildung der Kühlsysteme in Stellagenform ergeben.

Die einzelnen Kühlräume werden nacheinander für Käse und Butter, Gemüse und Konserven, Fleisch- und Wurstwaren, Wild und Geflügel, Obst und Fische verwendet.

mulatorrohrsystemen, über die ein Elektroventilator die von außen angesaugte Luft bläst, um sie gekühlt und getrocknet durch einzelne, regulierbare Schächte sämtlichen Regulierräumen zuzuführen.

Statt glatter Rohrschlangen sind für die Kühlsysteme durchweg Soleakkumulatorsysteme für direkte Verdampfung gewählt, bei welchen um die

9*

Ammoniakrohre ein Solebehälter umgeschweißt ist. Der letztere erhält je nachdem runde oder viereckige Form und ist besonders in letzterer Ausbildung geeignet, eine glatte Auflage bei Kühlstellagen zu bieten. Die Anwendung der Soleakkumulatoren war durch die Bedingung gegeben, daß die Temperaturschwankungen bei dem durch den Warenhausbetrieb bedingten Stillegen der Anlage während der Nacht innerhalb ganz geringer Grenzen bleiben mußten.

Die Konzentrierung der zu konservierenden Lebensmittel in besonderen Kühlräumen würde es erforder-

luste aus, die bei einer auch nur zeitweisen Störung der vorteilhaftesten Temperatur sonst unvermeidlich wären, ganz abgesehen von dem einladenden Anblick der kühl und trocken gehaltenen Lebensmittel.

Zu allem kommt hinzu, daß der in dem modernen Warenhaus entfaltete Luxus nicht nur auf Äußerlichkeiten stehen bleibt, sondern, wie im vorliegenden Falle, sich auch auf diejenigen Gebiete ausdehnt, wo Ersparnismöglichkeiten aus Zweckmäßigkeitsgründen hintan gesetzt werden müssen. So sind die ganzen Kühlräume vollständig mit Platten ausgelegt und erziehen infolgedessen das Personal zu äußerster Reinlichkeit, die auch bei einer Kühlanlage nötig erscheint.

Die letzte Fig. 14 bietet Einblick in die Lebensmittelverkaufsabteilung und zeigt auf den Seiten u. a. die Flucht der mit Kühleinrichtung versehenen Schränke.

Die Anlage arbeitet von dem Augenblicke der Inbetriebsetzung an ohne jedwede Störung und hat die gestellten Forderungen hinsichtlich Einfachheit der Bedienung, unbedingter Sicherheit, rationeller Kühlung, einwandsfreier Luftbeschaffenheit, kleinster Temperaturschwankungen und

Fig. 4　Kompressor für Riemenantrieb

lich machen, daß empfindliche Waren alltäglich aus den Verkaufsabteilungen nach Verkaufsschluß in die Kühlräume zurückgebracht werden. Um dies zu vermeiden, wurde im vorliegenden Falle nicht bei der Anlage der Kühlräume allein stehen geblieben, sondern in dem ganzen Warenhaus, über alle Etagen verteilt, finden wir Kühlsysteme in Schränken, Büfetts usw. Auch diese sind in ähnlicher Weise, wie beschrieben, ausgeführt.

In der Konditoreiabteilung wird der Konservator, wie in Fig. 13 dargestellt, vermittelst Kühlschlangen durch direkte Verdampfung gekühlt. Ebenso erhält die Gefrorenes-Maschine Anschluß an die Kühlanlage, so daß der lästige Eistransport ausgeschlossen ist. Die Ausstellungsschränke in der Lebensmittelabteilung, selbst für Fleisch, Wild und andere empfindliche Waren, erhalten an unsichtbarer Stelle Kühlsysteme und schließen infolgedessen Ver-

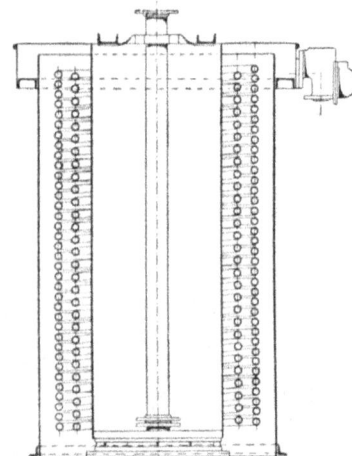

Fig. 5　Tauchkondensator

Fig. 6 Kompressor mit Motor gekuppelt

Fig. 8 Kühlraum

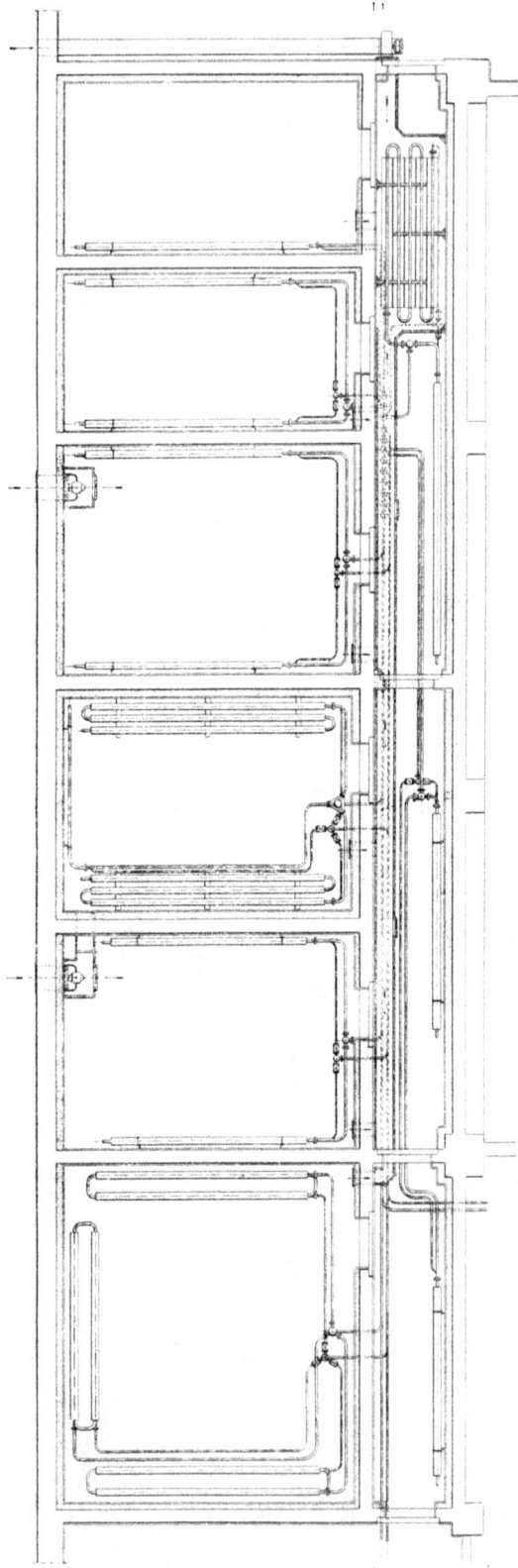

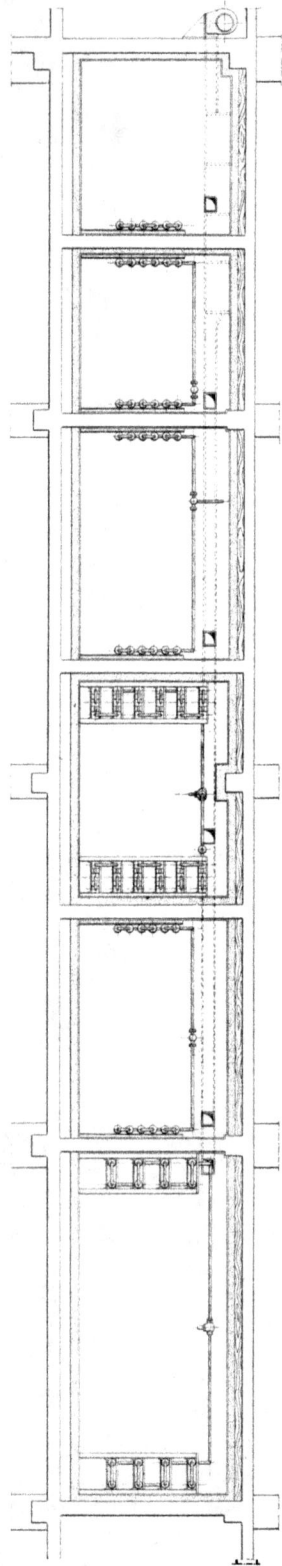

Fig. 9 Kühlraum

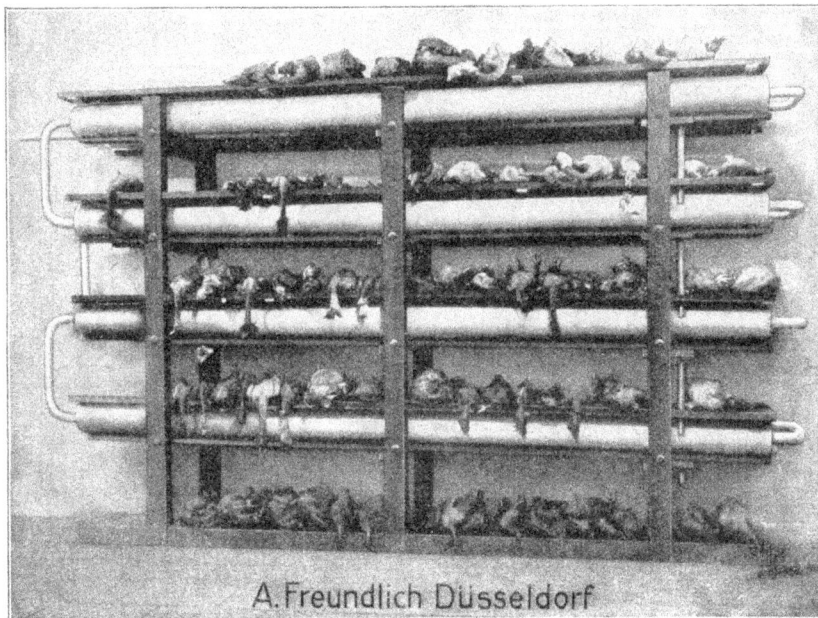

Fig. 10 Kühlraum

universeller Benutzungsmöglichkeiten in jeder Richtung erfüllt. Wenn der Weg, der zur Lösung dieser Aufgaben beschritten wurde, nicht als der nächstliegende erscheint, so muß doch festgestellt werden, daß die Ausführung denselben in jeder Richtung rechtfertigt.

Fig. 11 Kühlraum

Fig. 12 Kühlraum

Fig. 13 Konservator für Konditorwaren

Fig. 14 Verkaufsraum für Obst

Fig. 1 Gesamtansicht

Das Werk I der Gesellschaft für Markt- & Kühlhallen in Berlin
Ausgeführt von der Gesellschaft für Linde's Eismaschinen, Wiesbaden

Eine rationelle Ernährung ist die Grundlage aller Volkswohlfahrt. Sie ist aber nur möglich, wenn alle zum menschlichen Gebrauch erforderlichen Nahrungsmittel in bestem Zustand zur Verwendung gelangen. Es ist aber natürlich nicht möglich, alle Nahrungsmittel, welche herangeführt werden, sofort zum Verbrauch zu stellen, und daher spielt ihre Konservierung eine große Rolle, namentlich bei den Ernährungsfaktoren, welche bei einer Millionenstadt, wie Berlin, in Rechnung zu setzen sind.

Das natürlichste und zugleich beste Konservierungsmittel ist die Kälte.

Es wird schon seit langen Jahren zur Erhaltung von Nahrungsmitteln verwendet, und was der Eisschrank für das kleine Gemeinwesen, die Familie ist, das bedeuten die großen Kühl- und Gefrierhäuser für die Allgemeinheit und für die Kommunen.

Die stets fortschreitende Entwicklung unserer Industrie stellte auch an die Intelligenz unserer arbeitenden Bevölkerung immer größere Ansprüche. Die besseren und tüchtigeren Kräfte wurden dementsprechend auch höher entlohnt, und mit der höheren Bezahlung steigerten sich ihre Ansprüche an die allgemeine Lebenshaltung. Es stellte sich das Begehren nach bisher ihnen fast unbekannten

Genüssen ein, und sie lernten auch sehr wohl gute Ware auf dem Lebensmittelmarkt von minderwertiger zu unterscheiden.

Die von Jahr zu Jahr steigende Bevölkerungsziffer veranlaßte ebenso ein Steigen des Verbrauchs an Lebensmitteln, und die Zufuhren mußten ständig erweitert werden. Da aber nicht alle Produkte sofort verkauft werden konnten, war die Errichtung von Kühl- und Gefrierhäusern zur Konservierung derselben eine zwingende Notwendigkeit geworden. Diese Kühlhäuser bilden für die Ernährung der Volksmassen in Millionenstädten wie Berlin sozusagen ein Sicherheitsventil.

In Kriegszeiten, nach eingetretener Mobilmachung, dürfte die Bedeutung der Kühlhäuser noch eine viel größere werden. Die in ihnen aufgestapelten Vorräte sichern die Ernährung der im Felde stehenden Truppen.

Im Jahre 1900 wurde der Grundstein für die großen Kühlanlagen der Gesellschaft für Markt- und Kühlhallen in Berlin gelegt. Mitten im Herzen der Reichshauptstadt, zwischen dem Anhalter- und Potsdamer-Bahnhof wurde der Bauplatz an der Trebbiner- und Luckenwalderstraße gekauft. Maßgebend für dieses Terrain war, daß es einmal im Mittelpunkt der Metropole liegt, dann aber auch, daß es eins der wenigen war, die noch Geleisanschluß inmitten der Stadt hatten; ferner wurde aber auch durch den unmittelbar daneben gelegenen Landwehrkanal die Möglichkeit gewährleistet, die großen Wassermengen zu entnehmen und zurückzuführen, welche der Kühlhausbetrieb erfordert. Es wurde über die vorhandene Baufläche so disponiert, daß auf den zusammenhängenden beiden Grundstücken zwei große Kühlhäuser errichtet wurden, dazwischen fand das Maschinenhaus seinen Platz, und mit der Front nach der Trebbinerstraße wurde das Verwaltungsgebäude gebaut. Diese Anordnung hatte den Vorzug, daß die Kühlhäuser sowie das Maschinenhaus die eine Front dem Hofraum und dem Bahngeleise zukehren, so daß die Heranführung und Ausladung der durch die Eisenbahn ankommenden Kühlgüter und Kohlen leicht geschehen kann, während die andere Front der Kühlhäuser an der Luckenwalderstraße bzw. Trebbinerstraße liegt, sodaß beide Straßen dem Fuhrwerksverkehr von und nach dem Kühlhaus dienstbar gemacht werden.

Jedes Grundstück hat getrennte Ein- und Ausfahrten, und zwischen ihnen liegt ein eigenes Zufahrtsgeleis vom Anhalter-Güter-Bahnhof.

Die oben genannten Gebäude wurden im Jahre 1900 errichtet und kamen im Jahre 1901 in Betrieb.

Da sich aber die Notwendigkeit einer Erweiterung herausstellte, wurde im Jahre 1904 noch das Grundstück Trebbinerstr. 6 hinzugekauft und im Jahre 1906 das auf der gegenüberliegenden Seite der Straße vorhandene Grundstück Trebbinerstr. 9 hinzuerworben. Zwischen dem Kühlhaus I in der Trebbinerstraße und dem Kühlhaus II in der Luckenwalderstraße liegt das Maschinenhaus.

Bei der Erbauung der Kühlhäuser etc. stand von vornherein fest, daß mit Rücksicht auf den hohen Einheitswert der Grundstücke eine möglichst vollkommene Ausnutzung der vorhandenen Grundstücksflächen nach der baupolizeilich begrenzten Bebauungsfähigkeit zu geschehen habe.

Deswegen erhielt jedes Kühlhaus einschließlich des Kellergeschosses acht Stockwerke von je 3 m lichter Höhe.

Im Kühlhaus I wurde in zwei Stockwerken die Eiserzeugungsanlage eingebaut, so daß für Kühlräume noch sechs Böden blieben; im Kühlhause II sind acht vermietbare Böden, so daß einschließlich der Hofunterkellerung 10 000 qm Fläche vorhanden sind. Jedes einzelne der beiden Kühlhäuser ist mit zwei Treppenaufgängen und je vier Fahrstühlen mit elektrischem Antrieb versehen. Auf dem, wie schon erwähnt, 1904 hinzugekauften Grundstück, Trebbinerstr. 6, wurde in direktem Anbau an das Kühlhaus I in dem Erdgeschoß eine Reservemaschinen-

anlage errichtet, während im 1. und 2. Stockwerke eine Erweiterung der Eisfabrik durchgeführt wurde. Im 3. und 4. Stock befindet sich die als Abteilung III im Betrieb bezeichnete Luftverflüssigungsanlage nach Lindeschem Patente zur Herstellung von Sauerstoff und von flüssiger Luft als Zwischenprodukt. Im Dachgeschoß befinden sich diverse Apparate und ein Sauerstoffgasometer. Der gleichfalls unterkellerte Hof enthält einen Reserve-Abfüllkompressor für Sauerstoff und dient zur Aufbewahrung der leeren Stahlzylinder.

Auf dem abgrenzenden Teile des Grundstücks nach dem Eisenbahngelände hin befindet sich das Kesselhaus für die Reservemaschinenanlage, und auf dem Hofe selbst ist ein Sauerstoffgasometer von ca. 50 cbm Fassungsvermögen errichtet. Dieses Grundstück hat ein eigenes Treppenhaus, in welchem die Treppe der besseren Ausnutzung des Raumes wegen spiralförmig angelegt ist. Ein gleichfalls elektrischer Aufzug vermittelt den Gütertransport zu allen Etagen, während auf der anderen Seite des Hofes neben dem Kesselhause ein zweiter Aufzug zum Transport von Stahlflaschen nach dem Keller dient. Zwei Eissenken gestatten von dem nach dieser Front gelegenen Eisgenerator die direkte Einladung der Eisblöcke vom Generator in die Eiswagen.

Das die Front nach der Trebbinerstraße abschließende Verwaltungsgebäude wird rechts und links von zwei Brückenwagen flankiert, so daß auf der einen Seite die einfahrenden Fuhrwerke gewogen werden können, während auf der anderen Seite das Gewicht der ausfahrenden Wagen kontrolliert wird. Es wird hierdurch ein ungehemmter Verkehr auf dem Werkshofe ermöglicht.

Im Erdgeschoß befindet sich die Eisexpedition, mit der die Kontrolle der ein- und ausgehenden Kühlgüter verbunden ist. Die erste und zweite Etage dient für die Kontor- und Kassenräume der Verwaltung, während die dritte und vierte Etage nebst den darüber befindlichen Dachräumen dem Direktor als Privatwohnung überlassen sind.

Das Maschinenhaus ist bis aufs äußerste seiner zulässigen Bebauungshöhe ausgenutzt. Über dem 7 m hohen Maschinensaale bauen sich erst die Dampfkessel auf, während die anderen danebenliegenden Stockwerke die zahlreichen Nebenmaschinen und Apparate enthalten.

In dem auf der gegenüberliegenden Seite der Trebbinerstraße befindlichen Grundstück, Trebbinerstr. 9, befinden sich im Vorderhause, welches auch zwei Durchfahrten nach dem Hofe hat, zu ebener Erde nebst der für den Hauswart bestimmten Loge, ein Restaurationslokal, welches zur Bequemlichkeit der Werksangestellten und der zahlreichen Eis- und Kühlhauskunden der Gesellschaft eingerichtet worden ist. In einem zweiten Laden wird der Verkauf von Zigarren betrieben.

Im ersten und zweiten Stockwerk befinden sich vermietete Bureauräume, die dritte und vierte Etage sind zu Privatwohnungen hergerichtet, welche zum größten Teil von Angestellten der Gesellschaft benutzt werden. Über den gleichfalls vollkommen unterkellerten Hof gelangt man zu einem Quergebäude, welches zu ebener Erde eine große Durchfahrt für die Eiswagen der Gesellschaft hat. Darüber befinden sich in weiteren vier Stockwerken Fabriksäle.

Ein gleichfalls elektrisch betriebener Fahrstuhl vermittelt den Warentransport vom ersten Hof in alle Stockwerke.

Der zweite Hof, zu dem man durch die obenerwähnte Durchfahrt gelangt, enthält ringsherum Pferdeställe, welche sich auch noch im ersten und zweiten Stockwerk des zweiten Quergebäudes befinden. Die übrigen Räume sind teils zur Aufbewahrung von Fourage und Geschirren bestimmt, teils dienen sie in den oberen Etagen als Wohnungen für das Stallpersonal.

Ein weiterer Durchgang führt durch das zweite Quergebäude nach einem dreieckigen Geländestück. An den beiden an den Durchgang angrenzenden Schenkeln ist links eine Beschlagschmiede errichtet, während rechts sich ein Wagenschuppen befindet.

Die Errichtung der, wie schon erwähnt, acht Stockwerke hohen Kühlhäuser bot dem Architekten, da sie aus wärmetechnischen Gründen fast fensterlos gebaut werden mußten, eine schwierige Aufgabe. Hierzu kommen noch die zum Teil recht unsymmetrischen Grundformen, wie sie durch das zur Bebauung stehende Gelände gegeben waren.

Anderseits reizten die hohen Aufbauten zu reicher, architektonischer Gliederung.

Wie zwei trutzige, der Arbeit gewidmete Festen ragen die in mittelalterlicher Backsteinform aufgeführten Kühlhäuser mit den sie krönenden Turmaufsätzen in die Lüfte empor!

Jedem, der mit der Anhalter oder Potsdamer Bahn der Metropole zureist, fallen bei der Einfahrt die beiden Kolosse ins Auge als ein gefälliges Zeichen werktätigen Fleißes, während den Bewohnern Groß-Berlins die ständig zwischen ihnen hindurchhuschenden Hochbahnzüge einen Blick auf die ganze Anlage gestatten.

Für beide Kühlhäuser sowohl wie für das Maschinenhaus ist beim Bau Eisen in weitestem Umfang zur Verwendung gelangt, und zwar so, daß für die Aufnahme der Belastungen auf die Gebäudemauer überhaupt nicht gerechnet worden ist, so daß deren Stärke auf ein Mindestmaß zugunsten der ausnutzbaren Fläche reduziert werden konnte.

Diese Maßregel erwies sich als so bedeutend, daß bei je acht Stockwerken in beiden Kühlhäusern die Verstärkung des Mauerwerks um nur einen Stein eine Verminderung der benutzbaren Bodenfläche um ca. 400 qm betragen hätte.

Die Eisenkonstruktion für Kühlhaus I wurde von der Vereinigten Maschinenfabrik Augsburg und der Maschinenbaugesellschaft Nürnberg, Werk Gustavsburg, entworfen und ausgeführt, während der Entwurf und die Ausführung des Kühlhauses II sowie des Maschinenhauses der Aktiengesellschaft Lauchhammer übertragen wurden.

Diese Konstruktionen bestehen aus Säulen, eisernen Unterzügen und eisernen Deckenträgern. Der Berechnung ist eine Belastung der Böden von 1000 kg pro qm, für den Generatorraum dagegen von 1600 kg pro qm zugrunde gelegt.

Die Deckenträger liegen in 2,4 bis 2,7 m Abstand, ihre Nutzweite beträgt 4,6 m, die der normalen Unterzüge 5,4 m. Im ersten Obergeschoß des Kühlhauses I sind die Unterzüge bis auf 9 m Weite gespannt. Das Gewicht der Eisenkonstruktion, welche mit besonderer Rücksicht auf einfache und rasche Montage ausgebildet ist, beträgt für Kühlhaus I 556 t, für Kühlhaus II 563 t. Hierzu kommen für die Hofunterkellerung 103 t und endlich für das Kesselhaus 251 t, insgesamt also 1473 t.

Da bei den Grenzmauern eine symmetrische Verbreiterung der Mauersohle und Fundamente nicht zulässig war, so mußten die Fundamentflächen nach innen verlegt werden. Um hierbei trotzdem eine zentrische Belastung der Fundamente und damit eine möglichst gleichmäßige Pressung des Baugrundes zu erhalten, wurden die Fundamente der Außenwände mit den Innenfundamenten in entsprechender Weise vereinigt.

Die Außenmauern sind, wie schon erwähnt, durchweg nur als Blendmauerwerk aufgeführt. Trotzdem sind sie, der bedeutenden Höhe wegen, ziemlich stark geworden.

Ein Vorzug war, daß die Maurerarbeiten ganz unabhängig von der Eisenkonstruktion aufgeführt werden konnten.

Die Isolierung des Mauerwerks gegen die von außen herandrängende Wärme wurde dadurch ausgeführt, daß Wände, Decken und Fußböden mit zwei Schichten sorgfältig getrockneter und asphaltierter Korksteinplatten von je 6 cm Dicke, die mit einem Kitt aus bestem, geruchlosem Steinkohlenpech, Harzöl und fein gemahlenem Korkmehl versehen waren, vermauert wurden. Innen sind die Korksteinflächen mit einem 2 cm starken Zementputz versehen.

Die innere Einrichtung des Werkes ist von der Gesellschaft für Lindes Eismaschinen in Wiesbaden projektiert und ausgeführt worden.

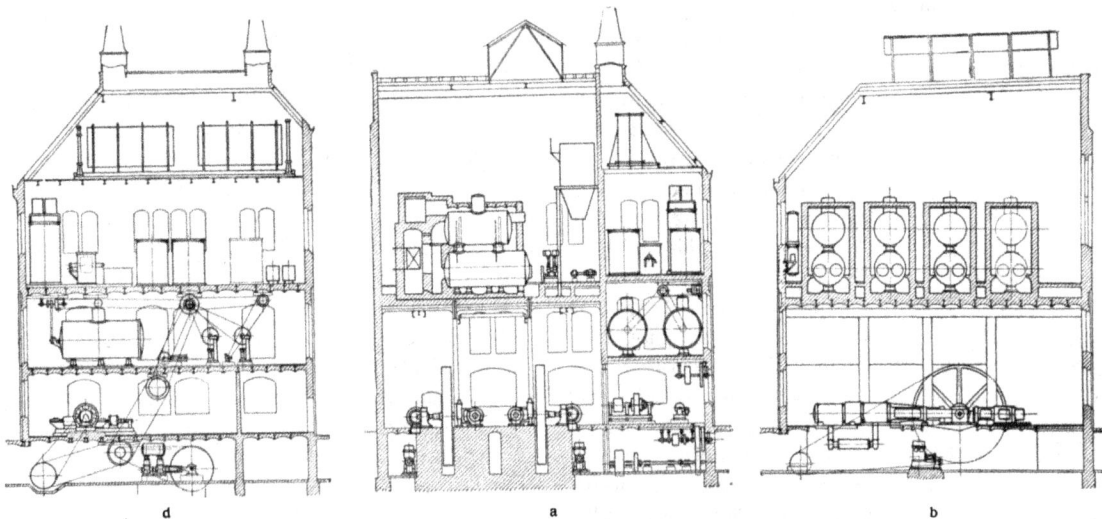

d   a   b

Beschreibung der maschinellen Anlagen.

Zu den im Jahre 1901 erstellten, dem ersten Ausbau der Kühlhäuser und der Eisfabrik genügenden Maschinen und Apparaten kamen in der Folgezeit bei Angliederung neuer Kühlräume und bei Erweiterungen der Eisfabrik die erforderlichen neuen Maschinen und Apparate hinzu; gegenwärtig umfaßt diese größte deutsche Kühlhausanlage mit Eisfabrik an maschinellen Einrichtungen folgende hauptsächlichsten Bestandteile:

Im Obergeschoß des Maschinenhauses liegen vier Flammrohrdampfkessel auf einer Decke von bemerkenswerter Tragkraft (Fig. 2 a u. b), deren Belastungen von 10000 kg qm durch Blechträger von 1260 mm Höhe aufgenommen werden. Die Kessel haben in ihren Ober- und Unterteilen nur Flammrohre, sind mit ausschaltbaren Dampfüberhitzern verbunden und besitzen eine gesamte Heizfläche von etwa 730 qm. Der Schornstein hat bei 1,7 m kleinstem Durchmesser 55 m Höhe. Über dem Heizraume sind Kohlenbunker eingebaut, in welche die Kohlen durch mechanische Fördervorrichtungen unmittelbar aus dem Eisenbahnwaggon gehoben und verteilt werden.

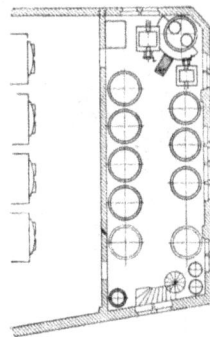

c Obergeschoß

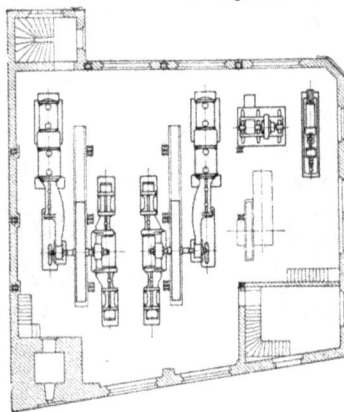

e Erdgeschoß
Fig. 2 Disposition der Maschinenanlage

Der von den vier Kesseln erzeugte Dampf dient in erster Linie zur Gewinnung von Antriebsarbeit vermittelst zweier Dampfmaschinen, die in dem stattlichen, 7 m hohen Maschinensaale aufgestellt sind (Fig. 2 e und 3); diese Einkurbelverbundmaschinen mit Sulzerscher Ventilsteuerung sind aus den Werkstätten der Maschinenfabrik Augsburg hervorgegangen. Sie leisten bei 9 Atm. Eintrittsspannung und nur 54 Uml./Min. je 350 bis 450 PS und sind je mit einem Lindeschen Ammoniak-Doppelkompressor Nr. 18 — dem größten zur Zeit der Erstellung vorhandenen Modell — gekuppelt. Die Dampfmaschinen besitzen Hilfseinspritzkondensatoren, arbeiten jedoch hauptsächlich mit Oberflächen-Berieselungs-Kondensatoren, die im Dachraume des Maschinenhauses aufgestellt sind (Fig. 2 d); das über sie herabrieselnde Wasser wird durch Kreiselpumpen wieder gehoben, während die im Kellergeschoß untergebrachten Wasserförderpumpen Ersatz sowohl für das verdunstende wie für das nach dem Kanal abfließende Wasser zuführen. Die Oberflächenkondensatoren bilden einen Teil der später zu erwähnenden Gefrierwasserbereitungsanlage der Eisfabrik.

Zur Erweiterung der Kraftanlage kam beim Ausbau des Werkes zu den beiden Tandem-Dampfmaschinen später eine Einstufen-Dampfmaschine von 130 PS normaler Leistung hinzu, gekuppelt mit einem Doppelkompressor Nr. 13. Durch das Zusammenkuppeln der Dampfmaschinen mit den Ammoniakkompressoren wird der größte Teil der erzeugten Arbeit auf kürzestem Wege und mit geringstem Verlust der Verwendung zugeführt, die in der Erzeugung von Kälte besteht und bis zu 600 PS in Anspruch nimmt. Außerdem übertragen die Dampfmaschinen Arbeit durch Riemen auf die im Kellergeschoß gelagerte Transmission, welche die Dynamomaschinenanlage, ferner zwei Zwillingskühlwasserpumpen von je 200 cbm stündlicher Leistung und mittels verschiedener Vorgelege die zahlreichen Nebenbetriebe des Werkes betätigt. Etwa 250 PS werden in elektrischen Strom umgewandelt und dienen einerseits zur Beleuchtung mittels etwa 20 Bogenlampen und über 1000 Glühlampen, anderseits zur Kraftübertragung nach den beiden Kühlhäusern,

in denen über 30 Elektromotore zur Bedienung von neun Aufzügen, zahlreichen Ventilatoren, Kreiselpumpen und anderen Zubehörs aufgestellt sind.

Die Hauptstücke der Kälteerzeugungsanlage bilden die Ammoniakkompressoren. Zu den bereits erwähnten, mit den Dampfmaschinen gekuppelten Doppelkompressoren Nr. 18 und Nr. 13 wurde noch ein von Transmission angetriebener Kompressor von 200 000 Kalorien stündlicher Nutzleistung hinzugefügt, wodurch die ganze stündliche Kälteleistung des Werkes auf 1½ Millionen Kalorien — bezogen auf 10⁰ C Verdampfungstemperatur — erhöht wurde. Der zur Erzeugung der Kälte dienende Teil der Anlage umfaßt nächst den Kompressoren die Verdampfer, bestehend aus eisernen Rohrspiralen, in denen das Ammoniak bei so niedriger Temperatur verdampft, daß die sie umgebende Salzlösung durch Wärmeentziehung auf einem den jeweiligen Verwendungszweck entsprechenden Kältegrad dauernd erhalten bleibt. Diese Salzwasserkühler sind zum Teil als zylindrische Apparate auf den

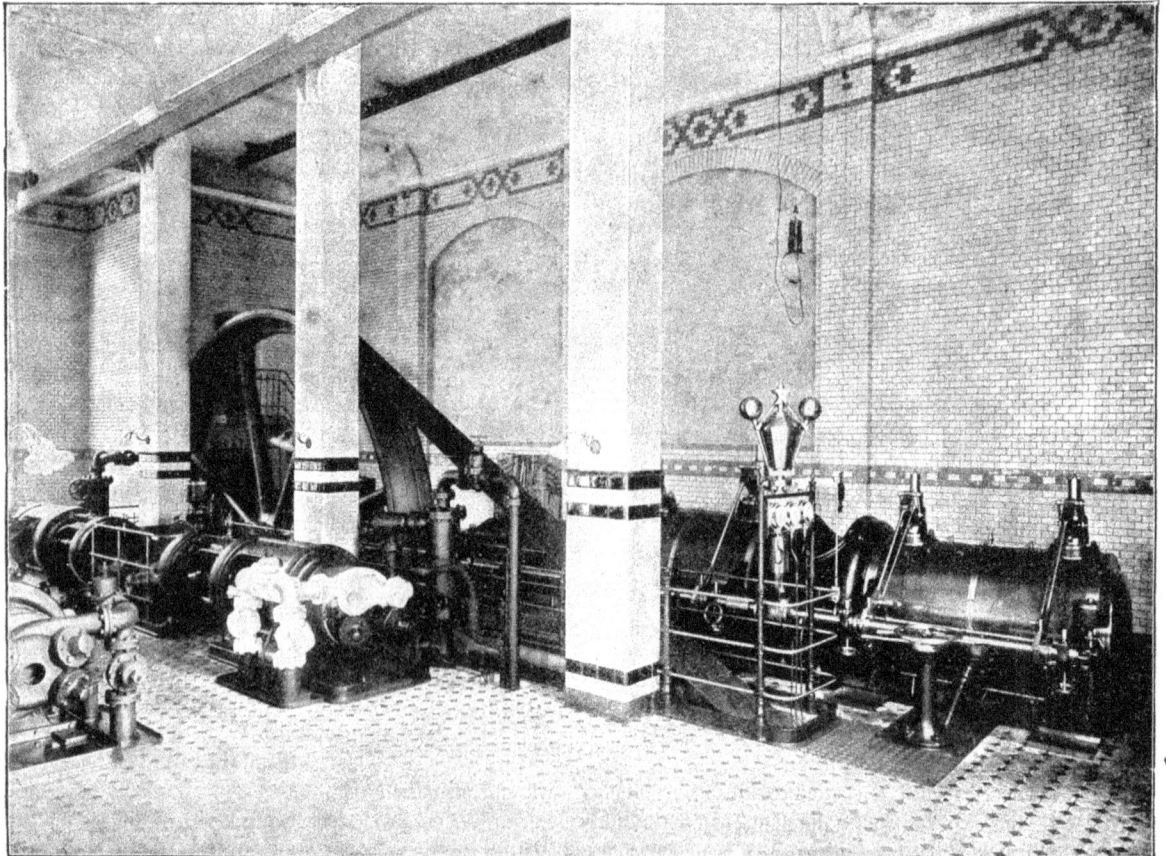

Fig. 3 Maschine II mit Ammoniak-Kompressoren

Dachböden der Kühlhäuser aufgestellt und versorgen in einer Anzahl von fünf Stück die Luftkühlapparate der

Fig. 4 Eisgenerator

sämtlichen Kühlräume mit kalter Sole. Andere Verdampfer sind mit den vier Eisgeneratoren des Werkes unmittelbar verbunden. Die in den Verdampfern entwickelten Ammoniakdämpfe werden durch die Kompressoren verdichtet und durch die Kondensatoren unter der Einwirkung des Kühlwassers verflüssigt, um den Kreislauf stets von neuem durchzumachen. Die Ammoniakkondensatoren befinden sich in einer Anzahl von neun Stück im Obergeschoß des dem Maschinenhaus angegliederten Apparatenhauses (Fig. 2a).

Der zur Verwendung der so erzeugten Kälte dienende Teil der Anlage umfaßt die Luftkühler und die Eiserzeuger.

Auf der richtigen Wirkungsweise der Luftkühler beruht, wie oben gesagt, die Daseinsberechtigung der Kühlhäuser. Die Aufgabe der Luftkühler besteht darin, einen bestimmten Zustand der Kühlraumluft bezüglich Temperatur, Trockenheitsgrad und Reinheit gleichmäßig zu erhalten. Die Bedingungen wechseln nach den frisch zu hal-

tenden Stoffen vielgestaltig. Deshalb besitzt das Werk für alle zur Einlagerung gelangenden Waren gesonderte Luftkühleinrichtungen. Für einen großen Teil der Räume, z. B. für die zur Frischhaltung von Eiern und von Fleisch dienenden, sind Gehäuse luftkühler in Verbindung mit Ventilatoren vorhanden, ein anderer Teil der Räume besitzt an der Decke auf gehängte Kühlsysteme, vielfach ist auch Ventilationskühlung und stille Kühlung vereinigt. In demhier beschriebenen Werk arbeiten alle Luft kühlapparate mit kalter Sole, mit Ausnahme zweier Apparate von 800 m gesamter Rohrlänge, die als unmittelbare Verdampfungskühler ausgebildet sind; diese bedienen zwei Kühlräume von 250 und 75 qm Grundfläche, einen sehr bescheidenen Teil der gesamten Kühlräume, die in beiden Kühlhäusern eine Grundfläche von über 10 800 qm umfassen und von 27 Luftkühlapparaten bedient werden. Von diesen sind 17 als Deckensysteme aus glatten Kühlrohren in 17 Böden aufgehängt, während zehn Apparate, gebildet aus Rippenröhren, in Ventilationskammern eingebaut sind. Die

Fig. 5 Eisgenerator

Gesamtlänge der glatten Kühlrohre beträgt über 8000 m, die Ventilationskühler enthalten über 2550 m Rippen-

Fig. 6 Eisblöcke

Fig. 7 Hof

Fig. 8 Eiswagen

Fig. 9 Eiswagen

röhren. — Die für Frischhaltung der verschiedenen Waren günstigsten Temperaturen sind durch langjährige Erfahrung festgestellt, sie betragen z. B. in den Gefrierräumen — 6 °, in den Eierräumen 0 °, in den Räumen für frisches Fleisch 0 ° C. Die Luftkühlapparate sind so bemessen, daß die gewünschten Lufttemperaturen ohne unwirtschaftliche Erniedrigung der Verdampfertemperatur erhalten werden.

Zur Beseitigung des an den Kühlrohren anwachsenden Reif- oder Eisbelages sind ausreichende Vorkehrungen getroffen. In den Gefrierräumen erweist sich das Abkratzen der feinkörnigen Schneeschicht mittels Drahtbesens als das beste Mittel, während die Luftkühler der

Fig. 10 Kühlraum für Eier

über Null stehenden Räume in regelmäßigen Zwischenräumen durch erwärmte Sole abgetaut werden müssen.

Das zweite Gebiet der Kälteverwendung umfaßt die Eisfabrikation. In dem hier besprochenen Werke sind vier große Eisgeneratoren (Fig. 4 u. 5) aufgestellt, die zusammen 7600 Gefrierzellen für Eisblöcke von je 25 kg (Fig. 6) enthalten und mit Ammoniakverdampfern von zusammen 9200 m Rohrlänge ausgerüstet sind. Die Anordnung der Eiserzeuger ist die auf dem europäischen Festlande noch allgemein gebräuchliche, wie sie zum erstenmal im Jahr 1878 von Linde in München ausgeführt worden ist. Die elektrisch angetriebenen Laufkräne liefern bei jedem Arbeitsgange unter Bedienung durch einen Mann 825 kg Eis.

Ganz besondere Sorgfalt wird in dem beschriebenen Werk der Güte des herzustellenden Eises gewidmet, das, um das Natureis verdrängen zu können, als reinstes Kristall-

eis eingeführt werden mußte. Zu seiner Herstellung wird destilliertes und aufgekochtes Wasser verwendet, das aus möglichst reinem Wasser gewonnen wird. Die Gefrierwasserbereitungsanlage arbeitet wie folgt: Der von den Dampfmaschinen abgehende Dampf wird zunächst in Destillatoren kondensiert und überträgt hierbei die latente Wärme auf verdampfendes Wasser, das der eigenen Brunnenleitung des Werkes entnommen wird. Es sind jetzt drei Destillationskessel vorhanden, die zusammen 700 qm Wärmedurchgangsfläche enthalten. Der sekundäre Dampf wird in den oben erwähnten Dampfberieselungskondensatoren niedergeschlagen, die eine Kühlfläche von etwa 300 qm besitzen. Das gebildete Kondensat wird zum Zwecke der Entlüftung einer Aufkochvorrichtung zugeführt und nach erfolgtem Wärmeaustausche im Gegenstrom zu dem den Destillatoren zu strömenden Wasser in die Füllvorrichtung der Eisgeneratoren geleitet. Auf diesem Wege wird ein Eis von höchster chemischer und mechanischer Reinheit erzielt, bei dem nur infolge der unvermeidlichen Wiederbeluftung während des Einfüllens und Gefrierens Luftblasen in die kristallklare Masse eingeschlossen erscheinen.

Das entkeimte Kristalleis wird zum Teil an Wiederverkäufer und Gewerbetreibende ab Werk, teils in eigenen Gespannen der Gesellschaft den Abnehmern frei ins Haus geliefert. (Fig. 7, 8 u. 9.)

Wie in der Einleitung gesagt, dienen die Kühl- und Gefrierräume zur Aufbewahrung und Konservierung von Lebensmitteln. Aber nicht nur die durch die maschinelle Anlage gewährleistete Temperatur sondern hauptsächlich auch der mehr oder minder große Luftfeuchtigkeitsgehalt garantieren eine tadellose Erhaltung der verschiedenartigen Kühlgüter.

Die Benutzung der Kühlhäuser ist von Jahr zu Jahr gestiegen. Es gelangen folgende Artikel zur Einlagerung:

Eier (Fig. 10)	Gefrorene Fische (Fig. 16)
Butter (Fig. 11)	Obst und Gemüse (Fig. 17)
Kaviar (Fig. 12)	Dörrobst
Heringe (Fig. 13)	Trockenmilch — Milch
Frisches Fleisch (Fig. 14)	Walnußkerne und Marzipan
Wild u. Geflügel (Fig. 15)	Bier (Fig. 18).

Von diesen Warengattungen nehmen Eier und Butter den weitaus größten Raum ein. Die Abteilung III, welche den Sauerstoff nach Lindeschen Patenten herstellt, hat zurzeit eine stündliche Lieferungsfähigkeit von 40 cbm Sauerstoff.

Fig. 11   Kühlraum für Butter

Fig. 12   Kühlraum für Kaviar

Fig. 13 Kühlraum für Heringe

Fig. 14 Kühlraum für frisches Fleisch

Fig. 15 Kühlraum für Wild und Geflügel

Fig. 16 Kühlraum für Fische

Fig. 17 Kühlraum für Obst und Gemüse

Fig. 18 Kühlraum für Bier

Die Pelzkühlanlage der Firma Rudolph Hertzog in Berlin

Ausgeführt von A. Borsig, Berlin-Tegel

Nachdem man erkannt hatte, daß die künstliche Kälte ein ausgezeichnetes Konservierungsmittel für Pelzwaren ist, weil sie diese nicht nur vor dem Zerfressen durch Ungeziefer schützt, sondern auch die Zersetzung der äthe-

der Kundschaft gegen Zahlung eines bestimmten Mietspreises diesen Vorteil zu bieten.

Bei der Konservierung durch Kälte ist auch keine Behandlung mit stark riechenden Ingredienzien nötig,

Fig. 1 Kühlraum mit Gestellen

rischen Öle, die den Haaren den Glanz verleihen, verhindert, errichteten zahlreiche Spezialfirmen und Warenhäuser künstlich gekühlte Hallen, um darin während der warmen Jahreszeit sowohl die eigenen Vorräte an wertvollem Pelzwerk zu konservieren, als auch insbesondere

so daß das Pelzwerk unmittelbar nach seiner Entnahme aus dem Kühlraum in Benutzung genommen werden kann.

Außerdem wird ein Klopfen des Pelzwerks überflüssig, so daß die damit verbundenen Kosten für das Arbeitspersonal in Wegfall kommen.

Von derartigen Kühlanlagen in Berlin ist neben denjenigen der großen Warenhäuser von Hermann Tietz und A. Wertheim, vor allem die Anlage im Konfektionshause von Rudolph Hertzog, von Interesse, da sie ausschließlich der Konservierung von Pelzwaren dient. Alle drei Anlagen wurden von der Firma A. Borsig, Tegel, ausgeführt.

Bei den zwei erstgenannten Anlagen wurde mit Rücksicht auf äußerste Platzersparnis das Kohlensäuresystem, bei der letzteren das Schwefligsäuresystem angewendet. Die Kühlung der Pelzlagerräume erfolgt ausschließlich durch Luft, die in einem besonderen Luftkühler gekühlt, und mit Hilfe eines Ventilators durch ein System hölzerner Druck- und Saugkanäle im Kühlraum verteilt wird.

Die Temperatur der Pelzkühlräume wird durchschnittlich auf — 2° C gehalten; der mittlere Feuchtigkeitsgehalt soll hierbei etwa 75 % betragen.

Die Pelzkühlanlage der Firma Rudolph Hertzog wurde im Jahre 1909 eingerichtet und bestand ursprünglich aus einem Raum von 140 qm Grundfläche bei 3,1 qm lichter Höhe. Später wurde noch ein weiterer Raum von 70 qm hinzugenommen, da die zu kühlenden Rauchwaren in dem ursprünglichen Kühlraum nicht mehr untergebracht werden konnten. Die Pelze werden auf Bügeln an Hängeeisen in den Räumen aufgehängt, Pelzdecken und Felle auf Holzregalen gelagert, welche über den Hängeeisen laufen; Muffen und Pelzmützen werden auf lange, senkrecht zu den Wänden angebrachte Holzstäbe aufgesetzt. Die Aufhängung und Lagerung erfolgt in der Weise, daß die kalte Luft die Pelzwaren vollständig umspülen

Fig. 2 Kühlraum mit Pelzen

kann, wodurch eine wirksame Durchkühlung gewährleistet wird. Sämtliche Hängeeisen und Regale sind bequem zugänglich. Die beifolgenden Abbildungen gewähren einen Einblick in die Pelzkühlräume.

In unmittelbarer Nähe der Kühlräume befindet sich der Maschinenraum, in welchem ein liegender Schwefligsäurekompressor von 250 mm Durchmesser und 350 mm Hub aufgestellt ist. Der Kompressor läuft mit 65 Touren und leistet bei — 17,5° C Verdampfungstemperatur 15 000 Kalorien pro Stunde. Hierbei war für den Raum von 140 qm Grundfläche im Hochsommer eine Betriebszeit von 13 Stunden erforderlich, die nach erfolgter Vergrößerung auf etwa 17 bis 18 Stunden ausgedehnt werden mußte.

Der Kompressor wird von einem 10 PS-Elektromotor direkt mittels Riemen angetrieben. Der Motor läuft mit 420 Touren pro Minute. Die Verflüssigung der schwefligen Säure erfolgt in einem Tauchkondensator mit einer Schlange von 18 qm Kühlfläche, der ebenfalls im Maschinenraum untergebracht ist. Der Tauchkondensator verbraucht etwa 2¼ cbm Kühlwasser bei + 10° C Eintrittstemperatur.

Der Trockenluftkühler, der an einer Längswand des Kühlraums aufgestellt ist, besitzt eine Kühlschlange von 45 qm, in welcher die schweflige Säure direkt verdampft. Der Ventilator ist für eine Leistung von 200 cbm pro Minute bemessen.

Da die Pelzkühlräume für das Maschinenpersonal in der Regel nicht zugänglich sind, ist eine Fernthermometeranlage eingebaut, welche eine Kontrolle der Kühlraumtemperatur vom Maschinenhause her gestattet.

Kohlensäure-Schachtgefrieranlage auf Schacht Prinz Adalbert bei Celle in Hannover

Geliefert von Wegelin & Hübner, A.-G., Halle (Saale)

Die Firma Haniel & Lueg in Düsseldorf hatte für obige Gesellschaft die Herunterbringung eines Schachtes nach dem Gefrierverfahren übernommen und zu diesem Zweck drei große Ammoniakkühlmaschinen aufgestellt. Nach einer Gefrierdauer von vier Monaten wurde das Abteufen begonnen und gleichzeitig absatzweise der Einbau der Tübings ausgeführt, welche Arbeiten in normaler Weise bis 96 m Teufe ausgeführt wurden. An dieser Stelle erfolgte ein Soledurchbruch von solcher Mächtigkeit, daß das Abteufen eingestellt werden mußte, und wurde man nun vor die schwierige Frage gestellt: wie den Schacht

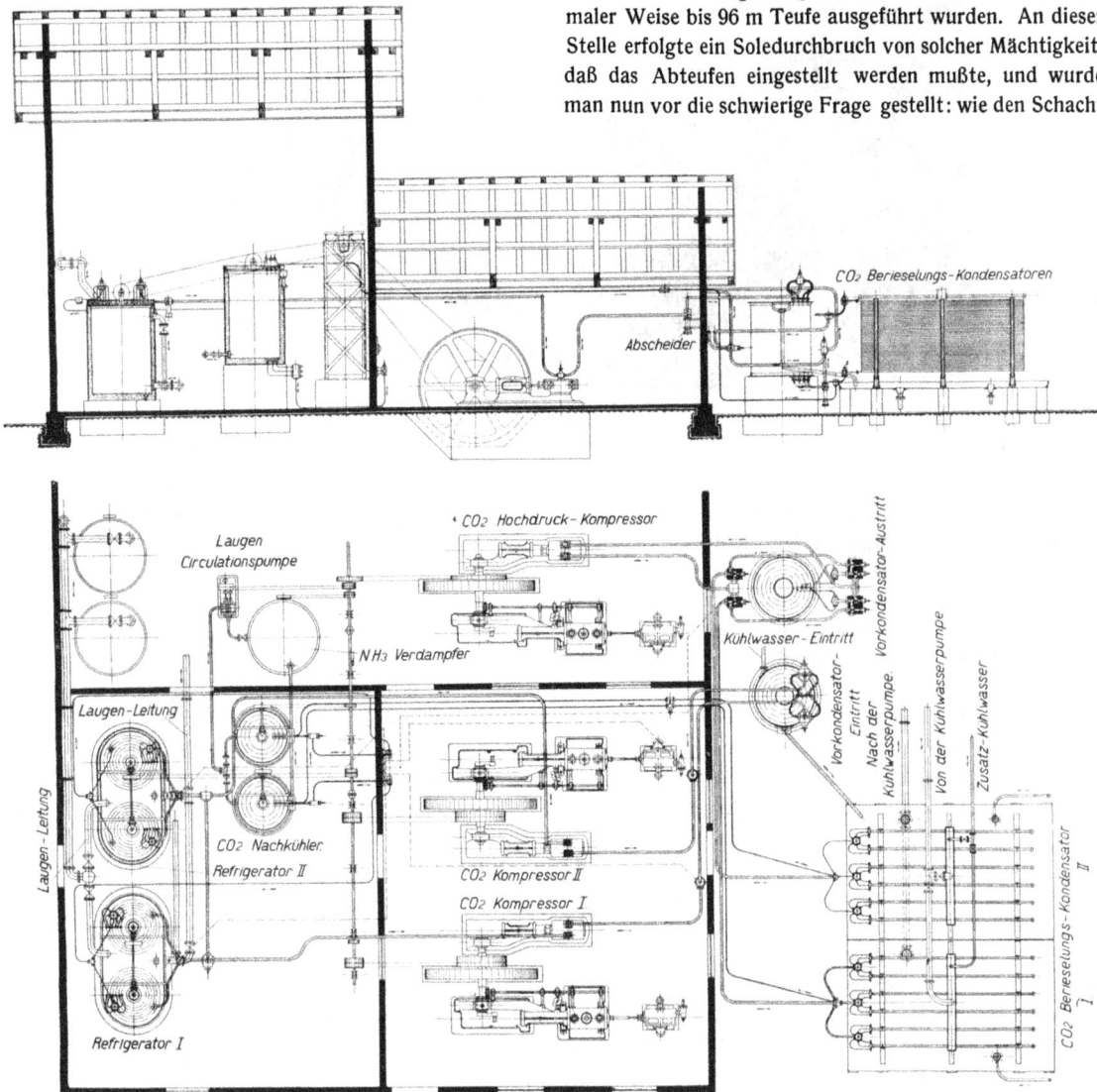

Fig. 1 Dispositionsplan der Kältemaschinenanlage

weiter herunterbringen? Das Abbohren nach dem Kind-Chaudron-Verfahren brachte eine Verengung des Schachtes mit sich, was man, wenn irgend tunlich, vermeiden wollte. Die Frostmauer mit der vorhandenen Maschinenanlage in der erforderlichen Stärke auszuführen, erschien sehr zweifelhaft, da das Einbruchwasser einen Salzgehalt von 25% zeigte, das mit den erzielten Temperaturen von — 25° C in der Lauge der Refrigeratoren nicht zum Gefrieren gebracht werden konnte.

Auf dem Kaliwerk Niedersachsen wurde zu gleicher Zeit ein Gefrierschacht ausgeführt mit einer Kohlensäure-

Nebenstehender Plan veranschaulicht die gelieferte Kohlensäurekühlmaschinenanlage. Zwei Kohlensäurekompressoren von je 170 mm Durchmesser, 520 mm Hub und 80 minutlichen Umdrehungen dienen zur Erzeugung von Temperaturen bis zu — 36° C, alsdann wird ein dritter Kompressor zugeschaltet, der als Hochdruckkompressor dient. Bei den tiefen Temperaturen sinkt die Saugespannung beträchtlich, und es wird für ein rationelles Arbeiten das Kompressionsverhältnis in einem Zylinder zu groß, weshalb man dann mit Verbundkompression arbeitet; die beiden vorgenannten Kompressoren komprimieren von ca.

Fig. 2 Maschinenraum

kühlmaschinenanlage, bei welcher man mit einer Temperatur von —43° in der Lauge der Refrigeratoren arbeitete, und mit welchem Verfahren man den Schacht auch erfolgreich bis 15 m tief in das anstehende Salz herabgeführt hatte, wenngleich der Schacht alsdann ersoff. Man entschloß sich, auf Grund der günstigen Arbeitsweise auf Niedersachsen, nun auch für Prinz Adalbert das Kohlensäurekühlmaschinensystem zur Anwendung zu bringen, und betraute Wegelin & Hübner, A.-G. in Halle a. S., mit der Ausführung der Anlage, da diese Maschinenfabrik auch die erwähnten Kohlensäurekühlmaschinen für Niedersachsen geliefert hatte.

Haniel & Lueg legten den größten Wert auf schnelle Lieferung der neuen Anlage, da die Ammoniakmaschinen ständig weiter arbeiteten, und wurden aus diesem Grund zwei von ihren Ammoniakkompressoren, direkt gekuppelt mit Dampfmaschinen, gewählt, um nach Abnahme der vorhandenen Zylinder und Aufsetzen neuer Kohlensäurekompressorzylinder für diesen Zweck zu dienen. Die zugehörigen Kondensatoren und Refrigeratoren mußten natürlich neu geliefert werden.

7 Atm. auf 20 bis 25 Atm., der Hochdruckkompressor verdichtet diese Gase bis auf den Verflüssigungsdruck, der je nach den Kühlwasserverhältnissen, der Temperatur und dem Feuchtigkeitsgehalt der Außenluft zwischen 50 und 65 Atm. schwankt.

Für den Hochdruckkompressor wurde wiederum nur der Zylinder allein geliefert, um ein Aggregat der bereits vorhandenen Ammoniakkühlmaschinenanlage benutzen zu können, und aus diesem Grunde wurde bei dem gegebenen Hub der Hochdruckkompressor einfachwirkend.

Zwischen den beiden Niederdruckkompressoren und dem Hochdruckkompressor ist ein Rohrsystem eingeschaltet, das bei relativ hohen Temperaturen und einstufiger Kompression als Vorkondensator zur Abführung der Überhitzungswärme dient, bei zweistufiger Kompression dagegen als Behälter für die in den Niederdruckkompressoren vorgedichteten Dämpfe, die dann der Hochdruckkompressor ansaugt.

Zur Leistungserhöhung der neuen Kohlensäurekühlmaschinenanlage wurde noch ein Aggregat der vorhandenen Ammoniakmaschinenanlage herangezogen, indem mit der

Lauge eines Ammoniakverdampfers die von den Berieselungskondensatoren kommende flüssige Kohlensäure in zwei dafür vorgesehenen Nachkühlern auf ca. — 16° unterkühlt wurde; auf diese Weise brachte die Kohlensäure nur noch ungefähr 50% ihrer ursprünglichen Flüssigkeitswärme in den Verdampfer, so daß ein bedeutend größerer Teil der latenten Wärme für die Kälteerzeugung nutzbar gemacht werden konnte, als ohne diese tiefe Unterkühlung.

Sämtliche unter Kohlensäuredruck stehenden Maschinenteile, außer den nahtlosen Rohrschlangen, sind aus geschmiedeten und ausgebohrten Stahlblöcken angefertigt, ein Undichtwerden oder Platzen eines Ventils oder Kompressorzylinders ist deshalb ausgeschlossen, was für eine Schachtgefrieranlage von wesentlichem Vorteil ist, denn bei dem kontinuierlichen Betrieb werden diese Maschinen stark beansprucht und ein größerer Defekt an der Anlage würde die früher geleistete Kältearbeit wieder ganz zunichte machen. Als Kälteträger wurde eine stark konzentrierte Chlorkalziumlösung genommen, welche man bis — 47° benutzen kann. Die beschriebene Kohlensäurekühlmaschinenanlage entsprach völlig den verlangten Kälteleistungen in den schwierigen zu bewältigenden Verhältnissen, man arbeitete schließlich mit einer Temperatur in der Lauge der Kohlensäurerefrigeratoren von — 43 bis — 44° C und konnte der Schacht 15 Monate nach Inbetriebnahme der zweiten Kühlmaschinenanlage, 150 m ausgebaut, übergeben werden.

Die Kohlensäurekühlmaschinen erfreuen sich seit den letzten acht Jahren in Deutschland der größten Anwendung für das Gefrierverfahren im Schachtbau, da man mit diesen Maschinen die tiefsten erforderlichen Temperaturen erreichen kann, wodurch die Erzielung einer genügend starken Frostmauer und sicheres Herunterbringen des abzuteufenden Schachtes gewährleistet wird.

Die Firma Wegelin & Hübner, Akt.-Ges. in Halle a. S. lieferte über 20 Kohlensäurekühlmaschinenanlagen an die verschiedenen Schachtbaufirmen Deutschlands.

Fig. 3 Berieselungskondensator und Vorkondensator

12*

Kältemaschinenanlage der Aktienbrauerei-Gesellschaft Friedrichshöhe, vormals Patzenhofer, Berlin

Geliefert von der Gesellschaft für Linde's Eismaschinen, Wiesbaden

Die Aktienbrauereigesellschaft Friedrichshöhe, vorm. Patzenhofer, in Berlin besaß im Jahre 1910 in ihrer Abteilung Nordost vier Lindesche Ammoniakkompressoren Nr. VI nebst zugehörigen Apparaten mit einer stündlichen Leistung von

sor, wobei die alten Maschinen in Reserve gestellt wurden. Gleichzeitig wurde die Dampferzeugung zwecks Erreichung einer möglichst günstigen Betriebsökonomie durch Beschaffung neuer Dampfkessel mit Überhitzern modernisiert, sowie eine rationelle Ausnutzung des Zwischen-

Fig. 1 Maschinenraum

zusammen ca. 600 000 Kalorien. Da der Kältebedarf infolge Vergrößerung des Brauereibetriebes wesentlich gestiegen war, bestellte die Brauerei eine neue Kühlmaschinenanlage und verband hiermit die Zentralisierung des Kraftbetriebes durch Aufstellung einer allen Anforderungen der Neuzeit entsprechenden größeren Dampfmaschine mit Schwungraddynamo und angekuppeltem Doppelkompres-

dampfes der Dampfmaschine für Kochzwecke im Sudhaus usw. angestrebt und erreicht.

Die Brauerei übertrug die Lieferung der kompletten Kühlmaschinenanlage der Gesellschaft für Lindes Eismaschinen A.-G. in Wiesbaden, die Ausführung der Dampfmaschine und Kompressoren geschah in dem Werk Augsburg der Maschinenfabrik Augsburg-Nürnberg A.-G., die Dynamomaschine wurde von der Allgemeinen Elektrizitätsgesellschaft, Berlin, geliefert.

Der aus der Abbildung ersichtliche Maschinensatz, dessen Tourenzahl 130 pro Minute beträgt, besteht aus:

a) Einer liegenden Einkurbelverbunddampfmaschine 500 · 700/900, mit gegenüberliegenden Zylindern und Einspritzkondensation, mit einer Normalleistung von ca. 400 PSe und einer Maximalleistung von ca. 550 PSe bei 12 Atm. Anfangsdruck und beim Arbeiten mit überhitztem Dampf von 300° C. Die Maschine ist ausgerüstet mit einer automatischen Füllungsverstellvorrichtung für die Niederdrucksteuerung zwecks Entnahme von 2400 bis 4000 kg Dampf von 3 Atm. Überdruck aus dem Receiver.

b) Einem angekuppelten Linde-Doppelkompressor, 330 · 550, moderner Bauart, mit einer stündlichen Kälteleistung von ca. 750 000 Kalorien im Solebad von — 5° C beim Betrieb mit trocken angesaugten Ammoniakdämpfen.

c) Einer Schwungradgleichstromdynamo von ca. 300 KW Leistung bei 120 Volt Spannung.

Zur Konstruktion der Kompressoren selbst sei bemerkt, daß die Befestigung des Zylinders durch Rundflanschen in einem Zylinderstück erfolgt, das aus einem Stück mit der Rundführung gegossen und gleichzeitig mit dieser durch eine gemeinsame Bohrstange ausgebohrt worden ist, so daß der Zylinder vollkommen gleichachsig zur Rundführung liegt. Die Schmiervorrichtungen für Lager, Kurbelzapfen, Kreuzkopf, Geradführung und Stopfbüchse sind möglichst selbsttätig gemacht.

Vom rein betriebstechnischen Standpunkt aus betrachtet, wurde es bei der weit verzweigten Verdampferanlage zur Vermeidung von Rohrkomplikationen notwendig, auch eine Zentralisierung bezüglich der Kältemaschinenanlage zu schaffen, was sich durch Verwendung der von der Gesellschaft für Lindes Eismaschinen A.-G. mit bestem Erfolg in die Praxis eingeführten Ammoniakgastrocknungseinrichtung in vollkommenster Weise erreichen ließ. Sämtliche Verdampfer wurden an eine gemeinschaftliche Saugleitung mit Flüssigkeitsabscheider vor dem neuen Doppelkompressor angeschlossen. In diesem Apparat wird die im Gasstrom enthaltene Flüssigkeit vollkommen abgeschieden und durch eine Zahnräderpumpe in die Spiralen des neuen oder eines der alten Generatoren zurückgeführt, so daß die Kompressoren nur trockene Dämpfe ansaugen, also das Maximum ihrer Leistungsfähigkeit besitzen, während gleichzeitig in den Spiralen der sämtlichen Verdampfer eine ungemein lebhafte Zirkulation des flüssigen Ammoniaks stattfindet und die günstigste Wirksamkeit der Kühlflächen zur Folge hat. Auf diese Weise konnte die Gesellschaft für Lindes Eismaschinen von vornherein eine spezifische Kälteleistung von 4000 Kalorien pro PSi und Stunde bei — 10° C Saugmanometer- und 22° C Druckmanometerstand garantieren.

Die von der neuen Kühlmaschine erzeugte Kälte findet Verwendung:

Zur Kühlhaltung von ca. 3000 qm Gärkeller und 8000 qm Lagerkeller, zur Erzeugung des nötigen kalten Süßwasser für die Abkühlung von täglich ca. 6 Sud Bier à ca. 400 hl Ausschlagquantum und zur Bedienung der auf Gärung stehenden Würze, außerdem zur Erzeugung von täglich ca. 1000 Zentner Eis.

Neu aufgestellt und von der Gesellschaft für Lindes Eismaschinen ebenfalls geliefert wurden zu diesem Zwecke ein Eisgenerator für 800 Zentner Tagesproduktion mit elektrischem Kran als Ergänzung der bereits vorhandenen Generatoranlage und ein Süßwasserkühler von ca. 2800 m Spirallänge in ovalem Reservoir von ca. 1000 cbm Inhalt. Für die Kondensation der Ammoniakdämpfe dienen die über Dach stehenden, für äußerste Wasserersparnis konstruierten Berieselungskondensatoren. Das aus diesen austretende flüssige Ammoniak wird in einem besonderen Nachkühler bis nahezu auf die Temperatur des Brunnenwassers abgekühlt.

Die Kristalleisfabrik A.-G. Eiswerke Hamburg

Ausgeführt von A. Borsig, Berlin-Tegel

Im Jahre 1909 wurde in Hamburg am Hammerdeich eine große Eisfabrik in Betrieb genommen, mit welcher täglich 75 000 kg Kristalleis hergestellt werden konnten. Im laufenden Jahre wurde die Anlage wesentlich erweitert, so daß mit den jetzt vorhandenen Maschinen täglich 175 000 kg Eis erzeugt werden können, entsprechend einer stündlichen Kälteleistung von etwa mehr als 1 Mill. Kal.

Das vorhandene Gebäude aus dem Jahre 1909 wurde am Ufer der Bille, eines Nebenflusses der Elbe, errichtet und besteht aus drei nebeneinanderliegenden Räumen (Fig. 1), dem Kesselhaus, dem Maschinenhaus mit angrenzendem Apparateraum und dem Eisgeneratorraum. Über dem letzteren befindet sich im zweiten Stockwerk der Raum für die Berieselungskondensatoren. In diesem Jahre ist daneben ein großer, zweistöckiger Neubau zur Aufnahme der neuen Eisgeneratoren errichtet worden. Das Kessel- und Maschinenhaus war von vornherein für die Vergrößerung vorgesehen. Außer den genannten Gebäuden stehen auf dem Terrain der Gesellschaft von ca. 0,6 ha Flächeninhalt vier große isolierte Holzschuppen zur Eislagerung und ein Eiskühlhaus von ca. 350 qm Kühlfläche. Da der tragfähige Baugrund ca. 9 m unter Terrain liegt, so sind für die Baulichkeiten und Maschinenfundamente überall Pilotierungen in Gestalt von Rammpfählen 30 cm Durchm. verwendet worden. Für die Bauwerke beziffert sich der Verbrauch auf 1150 Stück.

Das Kesselhaus hat eine Länge von 12 m, eine Breite von ebenfalls 12 m und eine mittlere Höhe von 9 m.

Fig. 1 Außenansicht

Darin sind drei kombinierte Doppelwellrohrröhrenkessel mit Planrostinnenfeuerung untergebracht (Fig. 2). Für den Betrieb der Anlage reichen zwei Kessel vollkommen aus, so daß der dritte lediglich zur Reserve dient. Jeder der beiden Kessel besitzt eine wasserberührte Heizfläche von 200 qm, eine Rostfläche von 3,8 qm und ist für einen Betriebsdruck von 10 Atm. berechnet. Die Unterkessel haben einen Manteldurchmesser von 2200 mm, eine Länge von 5700 mm und besitzen je zwei Wellrohre von 800/900 mm Durchmesser. Die Oberkessel haben einen Manteldurchmesser von 2100 mm, eine Länge von 4450 mm und sind mit 88 Heizröhren und 18 Ankerrohren von 89 mm Durchmesser versehen. Jeder Kessel ist imstande, stündlich bei normalem Betrieb 2800 kg und bei maximalem Betrieb 3400 kg Sattdampf von 10 Atm. aus Wasser von 25° zu erzeugen.

Für die Speisung der drei Kessel dienen zwei Dampfspeisepumpen und zwei Injektoren; jede Pumpe und jeder Injektor ist für die Speisung von zwei Kesseln ausreichend.

Der 45 m hohe Schornstein hat am Fuß einen Durchmesser von 6 m.

An das Kesselhaus schließt sich unmittelbar das Maschinenhaus an, welches eine Länge von 15,8 m, eine Breite von 15,2 m und eine Höhe von 9 m hat. Im Maschinenhause sind zwei Einkurbel-Verbunddampfmaschinen aufgestellt, die mit den nachstehend beschriebenen Kältekompressoren direkt gekuppelt sind. Die Dampfmaschinen (Fig. 4) haben am Hochdruckzylinder einen Durchmesser von

430 mm und am Niederdruckzylinder einen solchen von 670 mm, bei einem Kolbenhub von 800 mm und laufen mit 90 Umdrehungen pro Minute. Beim Arbeiten mit Sattdampf von 9½ Atm. Überdruck und einem Vakuum im Kondensator von 50% leistet jede Maschine normal 230 PSe und maximal 300 PSe. Der Abdampf der Maschine dient zur Herstellung des Gefrierwassers für die Kristalleisfabrikation, er genügt jedoch an sich nicht zur Herstellung des gesamten erforderlichen Destillats, welches mit Rücksicht auf den Abtauverlust rund 8000 l pro Stunde beträgt. Der Abdampf muß vielmehr für die Verdampfung weiterer Wassermengen in einer Mehrfacheffekt-Destillieranlage nutzbar verwendet werden. Die Arbeitsweise der Destillieranlage ist die folgende:

Der Abdampf der Maschinen tritt zuerst in einen Abdampfentöler und wird von da zu den beiden ersten Destillierverdampfern geleitet, wo er den Inhalt verdampft und dabei selbst kondensiert. Der in den beiden ersten Verdampfern erzeugte Sekundärdampf wird auf die gleiche Weise zur Verdampfung weiterer Wassermengen in einen gemeinsamen zweiten Destillierverdampfer geleitet und der entstehende tertiäre Dampf in zwei Berieselungskondensatoren niedergeschlagen. Das gesamte Kondensat wird alsdann nochmals aufgekocht, sorgfältig entlüftet, rückgekühlt, gefiltert und den Gefrierwasserbehältern in den Generatorräumen zugeführt. Zur Kondensation des tertiären Dampfes wird das von den Kältemaschinenkondensatoren abfließende Kühlwasser verwendet. Sämtliche Destillierapparate sind in einem Nebenraum des Maschinenhauses von 45 qm Grundfläche untergebracht. Der Raum ist in vier Stockwerke von je 3 m Höhe unterteilt. Im ersten Stockwerk befinden sich die Aufkocher, die Gegenstromnachkühler, die Luftpumpen, die Laugepumpen und die Destillatpumpen. Das zweite Stockwerk faßt die zwei ersten Destillierverdampfer und die Abdampfentöler, das dritte Stockwerk den gemeinsamen zweiten Destillierverdampfer und das oberste Stockwerk die beiden Berieselungskondensatoren.

Die eine der beiden Dampfmaschinen ist direkt gekuppelt mit einem Ammoniak-Doppelkompressor von 330 mm Zylinderdurchmesser und 600 mm Hub (Fig. 3). Jeder der Kompressoren leistet bei — 10° Verdampfungstemperatur stündlich 240 000 Kalorien bei 90 Umdr. und verbraucht bei einer Kühlwassertemperatur von +15° ca. 70 PS ind. Das Schwungrad von 4 m Durchmesser treibt die im Kellergeschoß liegende Transmissionswelle, von welcher auch die zur Anlage gehörenden Hilfsapparate, wie Pumpen, Rührwerk, Vorschub, die Destillieranlagen und außerdem eine Dynamomaschine und 30 KW angetrieben werden. Die Dynamomaschine liefert den

Strom für Licht sowie für den Antrieb der elektrischen Laufkrane in den Generatorräumen.

Die zweite Dampfmaschine ist mit einem Ammoniak-Doppelkompressor von 370 mm Zylinderdurchmesser und 600 mm Hub direkt gekuppelt. Jeder der Kompressoren leistet bei — 10° Verdampfungstemperatur stündlich 300 000 Kalorien bei 90 Umdr. und verbraucht unter obigen Verhältnissen ca. 87 PS ind. Das Schwungrad treibt ebenfalls eine Transmissionswelle, die mit der vorigen

Fig. 2 Dampfkessel

durch eine ausrückbare Hill-Kupplung verbunden ist. Von dieser Transmissionswelle wird auch eine 30 KW- und eine 75 KW-Dynamomaschine angetrieben, welche zur Erzeugung der erforderlichen Licht- und Kraftmenge dienen.

Neben den beiden liegenden Dampfmaschinen ist im Maschinenhaus noch eine stehende Kapsel-Verbunddampfmaschine von 27 PSe untergebracht, die mit einer Dynamomaschine von 17 KW direkt gekuppelt und auf gemeinsamer Fundamentplatte aufgestellt ist. Diese Maschine liefert den Strom für Beleuchtung und Kraft zu Zeiten, wenn die Hauptmaschinen außer Betrieb sind, und dient als Reserve, um bei stehendem Kältemaschinenbetrieb noch Eis aus den Generatoren, soweit noch Vorrat in den Generatoren ist, ziehen zu können.

Das Maschinenhaus überspannt ein Laufkran für Handbetrieb von 7000 kg Tragkraft mit 14,6 m Spannweite und 9 m Hubhöhe. Es ist unterkellert, im Kellerraum sind die Ölabscheider der Ammoniakkompressoren, die Pumpen, die Wasserabscheider und Kondenstöpfe der Dampfmaschinen, diverse Rohrleitungen und die Haupttransmissionswelle untergebracht.

Die gesamte Anlage verbraucht etwa 250 cbm Wasser pro Stunde. Das Wasser wird durch eine Drillingsplungerpumpe aus 22 m tiefem Brunnen gefördert, die Plungerdurchmesser betragen 265 mm, der Plungerhub 260 mm.

Vor der Speisung in die Kessel muß das Wasser enthärtet werden. Zur Reserve ist im Kellergeschoß des Ma-

Fig. 3 Ammoniak-Doppelkompressor

schinenhauses eine Zentrifugalpumpe aufgestellt, welche das Wasser direkt aus dem Fluß ansaugt.

An den Maschinenraum lehnt sich das ältere Gebäude für die Eisgeneratoren, welches eine Länge von ca. 35 m, eine Breite von 9 m und eine Höhe von 7 m i. l. besitzt. In demselben sind zwei Eisgeneratoren von je 270 qm äußerer Kühlfläche aufgestellt, die je 1500 Eiszellen von je 25 kg Inhalt fassen. Zur Erzielung möglichst durchsichtigen Eises ist die Gefrierzeit auf 24 Stunden ausgedehnt, so daß beide Generatoren täglich 75 000 kg Kristalleis liefern. Das in den Hamburger Eiswerken erzeugte Kristalleis ist nach dem Urteil des für die Abnahme der Anlage herangezogenen Sachverständigen, Herrn Dipl.-Ing. Stetefeld, in seiner Beschaffenheit durchaus erstklassig.

Das neue Generatorgebäude schließt sich der Länge nach an den älteren Bau an. Es ist zweistöckig und besitzt eine Länge von ca. 21 m, eine Breite von 9,3 m und eine Höhe von 7,5 m im Erdgeschoß und im Obergeschoß von 21,1, 9,8 m bzw. 7,2 m bis zur Decke. Die Belastung der Decke im Generatorraum beträgt total 3300 kg/qm. Durch diese starke Belastung bei verhältnismäßig großer Spannweite ergab sich die Notwendigkeit einer starken Armierung der Mauerpfeiler. Es wurde Eisenkonstruktion gewählt. Diese hat ein Eisengewicht von etwa 100 t. In jedem Stockwerk ist ein großer Eisgenerator von je ca. 200 qm Grundfläche mit einer Kühlfläche von 335 qm für 2000 Eiszellen von je 25 kg Inhalt untergebracht. Das Eis wird in der mit einer Glasdecke versehenen Verbindungshalle zwischen beiden Generatorgebäuden gesammelt und auf Eiswagen verladen. Vom oberen Stockwerk des neuen Gebäudes aus gelangt das Eis auf einer schiefen Ebene, die an der Außenwand des Gebäudes verläuft und mit Bremsklötzen versehen ist, ebenfalls in die Verbindungshalle. Das ältere Generatorgebäude besitzt noch eine zweite Eisrutsche nach der Flußseite hin für das Eis, das in Kähne verladen und nach dem schwimmenden Eislager im Zentrum der Stadt zum Verkauf transportiert wird.

Die Gebäude für die Eisgeneratoren sind an den Wänden nicht isoliert, desto größere Sorgfalt ist aber auf Undurchlässigkeit der Decke verwendet worden. In diese ist Astralit eingelegt, das über die Betonkappen in doppelter Lage verklebt und durch Estrich und darüber verlegte Klinker geschützt wird. Das Astralit ist, um den überfließenden und sich eventuell aufstauenden Abwässern entgegenzuarbeiten, noch 30 cm hoch an die Wände verlegt.

Zur Bedienung des Eisgenerators ist ein elektrischer Laufkran vorgesehen. Der Destillatraum, der Pumpenraum und der Dampfkondensatorraum werden nach erfolgtem Umbau je etwa 36 qm Grundfläche erhalten. Dieser ziemlich beschränkte Raum erforderte eine besonders sorgfältige Disposition für die in diesen Räumen untergebrachten Maschinen und Apparate. Der gesamte Antrieb der Apparate und Pumpen für Destillationszwecke erfolgt jetzt durch einen 23 PS-A.E.G.-Motor.

Der Raum für die Ammoniakkondensatoren ist jetzt nach erfolgtem Anbau 34·9 m groß. Die Kondensatorschiffe stehen auf eisernen Deckenlagen ohne Deckenkappen und sind durch einen aus Bohlen gebildeten Laufgang zu bedienen.

Die Berieselungskondensatoren sind im Obergeschoß über dem älteren Generatorraum untergebracht und bestehen aus vier getrennten Schlangensystemen. Das verflüssigte Ammoniak wird noch in vier besonderen Nachkühlern unterkühlt.

Sämtliche Ammoniakleitungen sind so verlegt, daß mit jedem Kompressor auf jeden Eisgenerator und jedes Kondensatorsystem gearbeitet werden kann. Sämtliche neue und alte Räume sind durch Podeste, Treppen und Laufbrücken miteinander in Verbindung gebracht, so daß eine Kontrolle des ganzen Betriebes durch den Betriebsleiter leicht möglich ist.

Die ursprüngliche Anlage wurde im Dezember 1910 unter Leitung des Herrn Dipl.-Ing. Stetefeld einer eingehenden Prüfung unterworfen. Es wurden dabei mit nur einem Destillierverdampfer 13,8 kg Eis pro 1 kg englische Steinkohle von 7500 Kalorien Heizwert erzeugt.

Neben dem Vertrieb von Kunsteis wird in den Eiswerken der Gesellschaft in Hamburg in den Wintermonaten auch eine große Menge Natureis gesammelt. Das Eis wird in zehn großen Holzschuppen, die mit Torfmull von 55 cm Stärke isoliert sind und bis zu 34 000 000 kg Eis zu fassen vermögen, aufgestapelt. Zur Einbringung dieser Eismengen sind sieben schräge Elevatoren, die durch zwei stehende Dampfmaschinen angetrieben werden, angeordnet.

Um den Eisgrus nützlich zu verwerten, wurde ein Kühlhaus, bestehend aus vier Kühlkammern von je 80 qm Grundfläche eingerichtet. Die Eisabfälle werden mit einem Flaschenzug hochgehoben und auf die Decke der Kühlkammern geschüttet. Das Tauwasser durchläuft dann noch ein System von Rohrleitungen, die an den Wänden der Kühlräume verlaufen. Die Räume dienen zur Kühlung von Heringen und Butter in Fässern, sowie vorübergehend auch für Fleisch. Es werden in diesen Räumen Temperaturen von 1 bis 2⁰ C erzielt.

Fig. 4 Liegende Einkurbel-Verbund-Ventil-Dampfmaschine mit einer Leistung von 300 PS

Kühlanlagen für Wohn- und Arbeitsräume

a) Wohnhaus des Herrn Rießer in Frankfurt a. M.   b) Fernsprechamt Hamburg

Ausgeführt von der Gesellschaft für Linde's Eismaschinen, Wiesbaden

Die Entwicklung der Kälteindustrie bestätigt die auch auf anderen Gebieten der Technik gewonnene Erfahrung, daß manche Erfindung, den ursprünglichen Zweck unerfüllt lassend, ihr Ziel wechselt und ganz andere Anwendungsgebiete erobert, als ihr anfänglich zugedacht waren. Unter all den fruchtbringenden Zweigen, in welche sich die Kunst der Kälteerzeugung und -verwendung bis heute geteilt hat, vermissen wir fast vollständig jene Aufgabe, welche den ersten Anstoß zur Ausbildung mechanischer Kälteerzeugungsmethoden gegeben zu haben scheint, nämlich die Ermöglichung einer negativen Heizung von Wohn- und Arbeitsräumen, eine Ventilation mittels künstlich gekühlter Luft.

Vor nunmehr über 60 Jahren haben bedeutende Gelehrte die Lösung dieser Aufgabe als möglich erkannt und nachgewiesen. Aber noch heute, am Ende einer glanzvollen Entwicklungsperiode der Kältetechnik, bleiben die Anfragen nach künstlicher Raumkühlung, die von Zeit zu Zeit an die namhaften Firmen der Kälteindustrie gelangen, durchweg erfolglos wegen der hohen Anlage- und Betriebskosten. Zur Zeit der steigenden Durchbildung der Wohlfahrtseinrichtungen, wo man erkennt, daß mit den wachsenden Ansprüchen an die Leistungsfähigkeit namentlich der geistig arbeitenden Menschenklasse ein erhöhter Kostenaufwand für ihre Pflege und Schonung Hand in Hand gehen muß, erscheint die Befreiung von der lästigen Sommerhitze in Wohn- und Arbeitsräumen, die doch schließlich nicht nur aus Gründen der Annehmlichkeit sondern auch aus Gesundheitsrücksichten gefordert werden darf, selbst in Ländern mit sehr heißem Klima als unerschwinglicher Luxus. So kommt es, daß unseres Wissens bis jetzt erst zwei derartige Anlagen zur Ausführung kamen, eine zur Kühlung von Wohnräumen in einem Privathaus in Frankfurt a. M., die zweite zur

Kühlung der Arbeitsräume im Fernsprechamt Hamburg, beide ausgeführt von der Gesellschaft für Lindes Eismaschinen A.-G. in Wiesbaden.

Besonders neuartige Aufgaben stellen sich bei der Errichtung derartiger Anlagen nicht. Die Kühlung der Luft erfolgt genau wie bei anderen Kühlanlagen durch die bekannten Luftkühler, die als direkt wirkende Verdampfer oder indirekt wirkende Kühler mit Solefüllung ausgebildet werden können. Fehlerhaft wäre es allerdings, die Kühlspiralen in den zu kühlenden Räumen selbst unterzubringen. Damit würde man zwar die gewünschte Kühlung erreichen, gleichzeitig aber auch den Nachteil hoher Luftfeuchtigkeit, die bekanntlich dem menschlichen Organismus sehr unzuträglich ist, heraufbeschwören. Mit der Kühlung der Luft muß eine Entfeuchtung Hand in Hand gehen. Diese wird erzielt durch Abkühlung der Luft unter die gewünschte Raumtemperatur und nachträgliche Erwärmung, wobei dann die Aufstellung der Kühlkörper in einem besonderen, gut zu isolierenden Raum erforderlich wird. Mit der Feuchtigkeit scheiden sich aus der Luft auch alle Unreinigkeiten, Staub und Mikroben ab und frieren mit dem Wasser an den Kühlspiralen fest, von denen sie durch Abtauen von Zeit zu Zeit zu entfernen sind.

Die Erwärmung der stark gekühlten Luft kann entweder durch besondere Heizkörper, die hinter den Kühlern aufgestellt werden, oder durch Mischen mit warmer Luft erfolgen. Der erste Weg ist der wirksamste und vollkommenste, da hierbei die gesamte Luftmenge getrocknet und gereinigt wird, zugleich aber auch der kostspieligste. Er kommt nur bei großen Anlagen in Frage. Einfacher und billiger ist die Methode der Mischung der kalten Luft mit warmer Frischluft in einem solchen Verhältnis, daß die Mischluft die gewünschte Temperatur erhält, oder aber die Zuführung der stark gekühlten Luft unmittelbar in die Kühlräume und Mischung mit der Raumluft selbst. Bei dieser letzten Methode muß man mit besonderer Vorsicht auf die Vermeidung unangenehmer und gesundheitschädlicher Zugerscheinungen achten. Wird die kalte Luft direkt ohne vorherige Erwärmung in die Kühlräume eingeführt, so genügt, wenigstens bei kleineren Anlagen, der Unterschied im spez. Gewicht zwischen gekühlter Luft und warmer Raumluft zur Erreichung der Luftzirkulation, wenn der Kühlkörper über den Kühlräumen angeordnet ist. In allen anderen Fällen sind besondere Ventilatoren für die Luftbewegung erforderlich.

Wohnhaus des Herrn Rießer in Frankfurt a. M.

Ein Beispiel für eine einfache, kleine Anlage ist die Wohnungskühlanlage in einem Privathaus in Frankfurt a. M. Zu kühlen sind hier vier Räume, ein Speise- und ein Rauchzimmer im Erdgeschoß und darüberliegend ein Wohn- und ein Schlafzimmer im ersten Obergeschoß. Die Räume haben eine gesamte Grundfläche von 77 qm und eine lichte Höhe von 3,4 m.

Größtmögliche Raumersparnis, leichte Übersichtlichkeit, bequeme Wartung und größte Betriebssicherheit waren die maßgebenden Gesichtspunkte für die Anordnung der Anlage. Der Ammoniakkompressor ist zur Vermeidung von Störungen durch Geräusche oder Gerüche infolge Ausströmens des Kältemediums, was sich bei gewissen, von Zeit zu Zeit erforderlichen Manipulationen an der Maschine nicht immer vermeiden läßt, in einem Kellerraum untergebracht. Auf der kleinen Grundfläche von 0,55 qm steht das hohle, zylindrische Maschinengestell, welches gleichzeitig als Kondensatorgefäß dient, und den Kompressor vertikaler Bauart, den Ölsammler, die Druckleitungen, das Regulierventil und den vollständigen Verdampferspeiseapparat trägt.

Die Kondensatorspirale besteht aus patentgeschweißten, schmiedeeisernen Rohren und hat eine äußere Kühlfläche von ca. 6,5 qm. Zur Kühlung und Verflüssigung der Ammoniakdämpfe dient Wasser der städtischen Wasserleitung.

Aus dem Kondensator fließt das flüssige Ammoniak durch das in der Regel ganz geöffnete Regulierventil dem selbsttätigen Verdampferspeiseapparat zu, von dem durch einen mit der Tourenzahl des Kompressors rotierenden Kolben bei jeder Umdrehung eine bestimmte Ammoniakmenge der Verdampferspirale zugedrückt wird. Diese besteht, wie die Kondensatorspirale, aus patentgeschweißten, schmiedeeisernen Rohren von 30/38 mm und hat eine Kühlfläche von 6,5 qm.

Das im Verdampfer verdampfte Ammoniak wird von dem mittels Riemen durch Elektromotor angetriebenen Kompressor beim Abwärtsgang des Kolbens zunächst

auf der Kurbelseite angesaugt. Beim Aufwärtsgang des Kolbens wird die Füllung durch die Überleitung nach der Deckelseite hinübergeschoben und dort auf Kondensatordruck verdichtet. Durch diese Einrichtung des Zylinders wird erreicht, daß die Stopfbüchse der Kolbenstange stets unter dem niedrigen Verdampferdruck steht, so daß Ammoniakausströmungen leicht vermieden werden können.

Die erzeugte Kälte wird durch die Verdampferspirale an die Solefüllung des geschlossenen Solekühlers übertragen, in dem die Verdampferspirale eingebaut ist. Aus dem Solekühler wird die Sole durch eine mit Elektromotor gekuppelte Kreiselpumpe durch die Soleleitung dem Luftkühler zugeführt, der über den Kühlräumen im Dachgeschoß untergebracht ist. Er besteht aus einem System von gußeisernen Rippenrohren mit einem an der höchsten Stelle eingeschalteten Druckausgleichgefäß. Die Rippenkörper übertragen die Wärme von der über Dach durch Siebbleche angesaugten Luft an das Salzwasser, welches um einen geringen Betrag erwärmt durch die Solerückleitung dem Verdampfer wiederum zuströmt.

Schmelzwasserschalen unter den Rippenkörpern fangen das bei der Abkühlung sich bildende Kondenswasser oder, im Falle der Reifbildung, das während der Betriebspausen abtropfende Schmelzwasser auf und leiten es in ein Zementbassin, von wo es durch einen Siphonverschluß der Abwasserleitung zufließt.

Der Luftkühler ist selbstredend von wirksamen Isolierwänden eingeschlossen, die einen Kasten mit zwei Öffnungen bilden, dem Lufteinlaß oben und der Mündung des nach unten führenden Kaltluftschachtes. In der Isolierwand sind ferner zwei Türen angebracht, welche geöffnet werden, um den etwaigen Eisbelag von den Rippenkörpern abzuschmelzen oder diese selbst durch Abspülen zu reinigen.

Von dem vertikalen Kaltluftschacht zweigen sich in den einzelnen Etagen die in die zu kühlenden Zimmer führenden horizontalen Luftzuführungskanäle ab. Diese sind in die Stuckverzierungen der Decken eingebettet; sie besitzen ihrer ganzen Länge nach schmale Öffnungen, durch welche die kalte Luft in horizontaler Richtung zunächst an der Decke des Zimmers entlang ausströmt, um, von dort allmählich herabsinkend, sich mit der im Zimmer vorhandenen wärmeren Luft zu mischen. Der Luftaustritt aus den einzelnen Öffnungen ist regulierbar, außerdem sind die Kanäle jeder für sich durch eine Klappe abschließbar, welche durch einfachen Kettenzug zu bedienen ist. Durch sorgfältige Ausführung des Luftkanalsystems und durch dicht schließende Türen und Doppelfenster ist dafür Sorge getragen, daß nicht durch unbeabsichtigten Luftzu- und -abfluß an irgendeiner Stelle Zugwind entstehen kann. Die Kaltlüftung selbst führt bei geeigneter Temperaturregulierung und Luftverteilung keinen Zug herbei, sondern ergibt bei ausschließlicher Bedienung durch das technisch ungeschulte Hauspersonal, dem auch die Wartung der Kühlmaschine und Apparate obliegt, eine stets angenehm empfundene Wirkung.

Fernsprechamt Hamburg.

Bei der Anlage im Fernsprechamt Hamburg kommt es weniger auf Kühlung als Entfeuchtung der Luft an. Es sind dort zwei Arbeitssäle vorhanden von zusammen 27 000 cbm Luftinhalt, in dem 1400 Personen beschäftigt sind. Im Sommer herrschte in diesen Räumen eine derart drückend feuchte Luft, daß Ohnmachtsanfälle unter dem Personal und Betriebsstörungen infolge Beschlagens der Apparate mit Feuchtigkeit nicht zu den Seltenheiten gehörten. Durch Aufstellung einer Kühlmaschine wurden diese Übelstände behoben.

Es wurde die Erhaltung einer Lufttemperatur von $+23^0$ und eine relative Feuchtigkeit von 70% gefordert. Da in Hamburg die Außentemperatur selten über 23^0 steigt, so waren Transmissionsverluste nicht zu erwarten, es galt also lediglich, die von den 1400 Personen ausgestrahlte Wärme und Feuchtigkeit zu beseitigen. Hierzu erwiesen sich 70 000 Kalorien stündlich als ausreichend. Zu ihrer Erzeugung ist ein liegender, doppelt wirkender Ammoniakkompressor aufgestellt, mit einer Zylinderbohrung von 205 mm und einem Hub von 350 mm. Er wird vermittelst Riemen durch einen Elektromotor angetrieben und macht etwa 105 bis 110 Umdrehungen in der Minute. Zur besseren Anpassung an den mit der Jahreszeit und Witterung wechselnden Kältebedarf ist der Kompressor mit der bekannten Leistungsreduktionseinrichtung versehen.

Die komprimierten Ammoniakdämpfe werden in einem Berieselungskondensator von etwa 50 qm äußerer Kühl-

fläche verflüssigt und einem Verdampfer gleicher Kühlfläche zugeführt, der in einem Süßwasserkühler eingebaut ist. Das in dem Kühler auf etwa 0 bis $+1^0$ gekühlte Wasser wird durch eine Zentrifugalpumpe vier trockenen Luftkühlern zugeführt, von denen jeder aus einem Rohrsystem von 480 lfd. m schmiedeeisernem Bördelrohr von 2" l. W. besteht und in eine Luftkammer eingebaut ist, durch die ein Blackman-Ventilator stündlich 14 000 cbm Luft den Sälen zudrückt. Auf etwa $+5^0$ erwärmt, fließt das Wasser aus den Luftkühlern dem Wasserkühler wiederum zu.

Das Rührwerk des Wasserkühlers und die Zentrifugalpumpe werden durch eine kleine Transmission angetrieben, die ihrerseits von einer auf der Kompressorwelle sitzenden Riemenscheibe angetrieben wird.

Da, wie oben schon erwähnt, die Außenlufttemperatur in Hamburg selten über 23^0 steigt, also nicht höher ist als die Raumtemperatur, so wurde von einer Rückführung der Luft aus den Sälen nach den Luftkühlern abgesehen und allein Frischluft in die Säle geführt. Außerdem konnte auch auf eine Isolation der gemauerten Luftkanäle verzichtet werden, da wesentliche Transmissionsverluste nicht zu befürchten sind.

Im Winter werden die Luftkühler mit Heizdampf gespeist, dienen also als Heizkörper zur Erwärmung der den Räumen zuzuführenden Frischluft.

Wenn auch allgemein gültige und erschöpfende Betriebserfahrungen für Wohnungskühlungen aus den beiden hier beschriebenen Anlagen nicht gewonnen werden können, teils wegen der geringen Größe der ersten, teils wegen der besonderen Verhältnisse der zweiten, größeren Anlage, so wird doch wenigstens die Lebensfähigkeit dieses noch so wenig ausgebauten Gebietes der Kälteindustrie bewiesen.

www.ingramcontent.com/pod-product-compliance
Lightning Source LLC
Chambersburg PA
CBHW081432190326
41458CB00020B/6180